Wasserinhaltsstoffe
Bedeutung und Erfassung

Wasserinhaltsstoffe

Bedeutung und Erfassung

von

Dr. rer. nat. DIETER LIENIG
Dresden

2., bearbeitete Auflage

Mit 2 Abbildungen und 21 Tabellen

Akademie-Verlag · Berlin
1983

Erschienen im Akademie-Verlag, DDR-1086 Berlin, Leipziger Straße 3—4

Lizenznummer: 202 · 100/456/83
Printed in the German Democratic Republic
Gesamtherstellung: VEB Druckerei „Thomas Müntzer", 5820 Bad Langensalza
Lektor: Gisela Güntherberg
Umschlaggestaltung: Karl Salzbrunn
LSV 1234
Bestellnummer 762 364 3 (6520)
DDR 24,00 M

Zum Geleit

Fakten und Probleme der Beschaffenheit von Wässern und Abwässern erlangen zunehmende Bedeutung. Dies gilt gleichermaßen für aquatische Ökosysteme, die Ermittlung ihres stofflichen Bestandes und ihrer stoffwandelnden Funktion, sowie bei der Wasser- und Abwasserbehandlung für die Stoffeliminationen.

Die Erfassung der Wasserinhaltsstoffe stellt die informative Basis jeder wassergütewirtschaftlichen Arbeit dar. Analytische Befunde werden von verschiedenen naturwissenschaftlichen, medizinischen, technischen und landwirtschaftlichen Disziplinen zur Lösung ihrer speziellen Aufgaben benötigt.

Stärker denn je werden umfassende und fundierte Kenntnisse über die Wasserinhaltsstoffe benötigt, wobei die Bedeutung von Spurenstoffen, insbesondere solchen mit Schadwirkung immer größere Aufmerksamkeit erfordert. Häufig sind noch unzureichende Vorstellungen über die Möglichkeiten und Grenzen der Erfassung vorhanden, auch werden apparative und personelle Aufwendungen unterschätzt.

Das kleine Buch soll helfen, eine objektive Wertung der Inhaltsstoffe und ihrer Erfassung zu ermöglichen. Hierzu sei auf die Ausführungen über die Analytik, die nicht im Sinne eines Methodenbuches abgefaßt sind, hingewiesen. Bei dem begrenzten Umfang war es dem Autor nur möglich, einen Überblick zu geben. Dies erscheint ausreichend, um insbesondere auch Vertretern nichtchemischer Disziplinen die notwendigen Grundlagen für die Lösung ihrer verantwortungsvollen Aufgaben bei der umfassenden Nutzung der Ressource Wasser zu vermitteln.

J. Kaeding

Vorwort

Wird im täglichen Leben das Wort „Wasser" gebraucht, so ist in den wenigsten Fällen der chemisch reine Stoff Wasser der Formel H_2O gemeint, vielmehr handelt es sich fast immer um verdünnte wäßrige Lösungen anorganischer und organischer Stoffe. Nach Herkunft eines Wassers und den darin enthaltenen Stoffen richtet sich im wesentlichen die Güte und damit die Verwendbarkeit eines Wassers.

Kenntnisse über Wasserinhaltsstoffe, deren Herkunft, Verhalten, Bedeutung, Wirkung und Erfassung dienen als Grundlagen für die Beurteilung eines Wassers. Sie sind wichtige Faktoren beim Schutz des Wassers für alle Nutzungen und bei der effektivsten Auslastung von Wasseraufbereitungs- und Abwasserbehandlungsanlagen.

Über diese Thematik soll ein Überblick gegeben werden, wobei chemische Gesichtspunkte besondere Beachtung erfahren. Chemisch-analytische Methoden werden herausgestellt, die in der Wasseranalytik bevorzugt Anwendung finden. Die Darstellung aller Möglichkeiten ist nicht beabsichtigt, vielmehr wird auf die Methoden verwiesen, die sich in der Praxis bewähren. Je nach Bedeutung und Einsatz ist das Prinzip dieser Methoden mehr oder weniger ausführlich dargestellt worden, ohne auf Details einzugehen, da auf diesen Gebieten ausgezeichnete und umfangreiche Spezialliteratur existiert. Wert wurde darauf gelegt, Probleme bei der kritischen Anwendung dieser analytischen Methoden in der Wasserpraxis deutlich zu machen und Trends für die weitere Entwicklung der Wasseranalytik aufzuzeigen.

Das Büchlein wendet sich an diejenigen, die an Informationen über den Umweltschutz, speziell auf die Wassergüte bezogen, interessiert sind und mit chemisch-analytisch gewonnenem Datenmaterial in Berührung kommen. Es werden somit nicht nur Interessenten naturwissenschaftlicher, sondern auch technischer und ökonomischer Disziplinen angesprochen.

Mein besonderer Dank gilt Herrn *Prof. Dr. habil. J. Kaeding*, der die Anregung zu dieser Arbeit gab und mich in jeder Hinsicht unterstützt hat.

D. Lienig

Vorwort zur 2. Auflage

Für die 2. Auflage erschienen tiefgreifende Änderungen nicht notwendig, da die ursprüngliche Konzeption — Behandlung der Thematik aus chemischer Sicht — beibehalten werden sollte. Neben Ergänzungen und Korrekturen von Zahlenangaben, die den jetzigen Stand der Erkenntnisse berücksichtigen, wurden die Abschnitte Halogenkohlenwasserstoffe, Organisch gebundenes Chlor (*TOCl*), Hochleistungsdünnschichtchromatografie (*HPTLC*) und Hochdruckflüssigkeitschromatografie (*HPLC*) neu aufgenommen und dem Charakter des Büchleins entsprechend informativ abgehandelt.

D. Lienig

Inhalt

1. Einleitung

Das Wasser gehört zu den unentbehrlichen und nicht ersetzbaren Voraussetzungen jeden Lebens. Mensch und damit Industrie und Landwirtschaft kommen ohne eine Wassernutzung nicht aus. Daraus resultiert die große gesellschaftliche Bedeutung der Wasserchemie (Hydrochemie), die sich mit den Inhaltsstoffen des Wassers und deren Veränderungen befaßt. Hierzu gehören insbesondere die gütemäßige Sicherung der Wassernutzungen, d. h. sowohl Kontrolle der Beschaffenheit der Gewässer und somit Schutz der Gewässer vor nachteiligen Auswirkungen, die durch die Tätigkeit des Menschen verursacht werden, als auch die Beobachtung der Steuerung der Beschaffenheitsänderungen in Wasserbehandlungsanlagen.

Chemisch reines Wasser der Formel H_2O im flüssigen Aggregatzustand kommt in der Natur nicht vor. Als hervorragendes Lösungsmittel enthält es immer Stoffe, mit denen es Kontakt hat.

Natürliche Wässer unterscheiden sich deshalb vom reinen Wasser durch ihre vielfältigen, je nach Art und Masse verschiedenen Inhaltsstoffe. Die Mehrzahl aller natürlichen Wässer sind heute durch menschliche Einflüsse in ihrer Beschaffenheit mehr oder weniger stark beeinträchtigt und nachteilig verändert. Im Extremfall wird dadurch natürliches Wasser zum Abwasser.

Eine Einteilung verschiedener Wasserarten nach ihrer Herkunft und ihrem Verwendungszweck ist aus Tab. 1 zu ersehen.

Tabelle 1: Bezeichnung wichtiger Wasserarten nach Herkunft und Verwendungszweck

Wasserart	
nach Herkunft	nach Verwendungszweck
Niederschlagswasser	Trinkwasser
Grund- und Quellwasser	Brauch-, Betriebswasser
Mineralwasser	Kühlwasser
Oberflächenwasser	Kesselspeisewasser
Meerwasser	Heilwasser
Abwasser	Badewasser

Für jede Wassernutzung ist ein Wasser bestimmter Güte erforderlich und nicht jede Wasserart wird ihrer Herkunft nach dieser Forderung gerecht. Es ist deshalb nützlich, sich vor Augen zu führen, daß von der Gesamtmenge des Wassers auf unserer Erde nach Schätzungen [1] 97,23% (1300000000 km^3) als Meerwasser (Salzwasser) vorliegen und damit für die Wasserversorgung fast ganz ausscheiden. Von dem restlichen Süßwasser sind nur 0,63% erschließbar, ca. 0,3% des auf der Erde vorhandenen Wassers werden z. Z. genutzt [2]. Die verfügbare Wassermenge in einem Lande wird durch die Niederschläge bestimmt. Diese betragen in der DDR im Mittel 660 mm pro Jahr, entsprechend $65 \cdot 10^9$ m^3. Von diesen Niederschlagsmengen verdunsten bei uns etwa 3/4, während der Rest von ca. 15 Milliarden m^3 zu 30% an der Oberfläche und zu 70% unterirdisch abfließt. In Trockenjahren kann die Abflußsumme auf $6 \cdot 10^9$ m^3 zurückgehen [3]. Bei einem derzeitigen Wasserbedarf von ca. $8 \cdot 10^9$ m^3 pro Jahr in der DDR ist somit eine Mehrfachnutzung des zur Verfügung stehenden Wassers, insbesondere in der Industrie, unumgänglich. Hinzu kommt, daß unser begrenztes Wasserdargebot durch die stürmische Entwicklung aller Bereiche der gesellschaftlichen Produktion und Konsumtion in steigendem Maße in Anspruch genommen wird. Diese steigende Wasserinanspruchnahme darf allerdings nicht nur quantitativ gesehen werden. Eng damit verbunden sind die qualitativen, wassergütewirtschaftlichen Aspekte, die weiter an Bedeutung gewinnen.

Die Qualität oder Güte eines Wassers wird fast ausschließlich durch die in ihm enthaltenen Stoffe bestimmt, die in gelöster, kolloidaler, emulgierter oder suspendierter Form enthalten sein können. Voraussetzung für jegliche Nutzung eines Wassers ist deshalb eine möglichst genaue Kenntnis über die Art und Menge der in ihm enthaltenen Inhaltsstoffe, über ihre erwünschten und unerwünschten Eigenschaften, Reaktionen und Wirkungen. Nur diese Kenntnisse ermöglichen eine gute Beurteilung eines Wassers.

Da die meisten Stoffe im Wasser chemischen, physikochemischen und biochemischen Reaktionen unterliegen, die zu Konzentrations- und Stoffänderungen führen, wird eine solche Beurteilung beträchtlich erschwert.

Die Erfassung der Art und Menge der Wasserinhaltsstoffe ist Aufgabe der chemischen Analytik, speziell der Wasseranalytik. Sie erfordert nicht nur Kenntnisse über die Anwendung analytischer Methoden und moderner instrumenteller Verfahren, sondern einen tiefen Einblick in die Eigenschaften und Wirkungen der Stoffe, ihrer gegenseitigen Störungen und anderer Probleme, die oft nur einmalig bei einem bestimmten Fall auftreten können.

2. Zur Chemie des Wassers

Die Beschaffenheit eines Wassers kann sich nach Ort und Zeit verändern, wobei die Ursachen oft schwer zu erkennen sind. Der Grund dafür ist in der Kompliziertheit der Chemie des Wassers zu suchen, das bekannterweise infolge seiner besonderen Molekülstruktur z. T. abnorme physikalische und chemische Eigenschaften aufweist.

Reines Wasser enthält stets eine bestimmte geringe Anzahl von H_2O^+- und OH^--Ionen. Dies ist auf die elektrolytische Dissoziation des Wassers zurückzuführen, die durch folgende Reaktionsgleichung beschrieben werden kann:

$$2\,H_2O \rightleftharpoons H_3O^+ + OH^-$$

Der Einfachheit halber wird dieses Dissoziationsgleichgewicht in der folgenden Form dargestellt:

$$H_2O \rightleftharpoons H^+ + OH^-$$

Die Konzentration der H^+- bzw. OH^--Ionen (c_{H^+} bzw. c_{OH^-}) in einer wäßrigen Lösung dient als Maß für die Acidität bzw. Alkalität, wobei eine der beiden Größen genügt, da sie funktionell miteinander verknüpft sind.

Als Ionenprodukt des Wassers wird der Ausdruck

$$c_{H^+} \cdot c_{OH^-} = K_W$$

bezeichnet. K_W ist temperaturabhängig und beträgt bei 25 °C

$$1{,}008 \cdot 10^{-14}\ \text{mol}^2 \cdot l^{-2}\,.$$

Da im reinen Wasser die Konzentration der H^+-Ionen gleich der der OH^--Ionen ist, folgt

$$c_{H^+} = c_{OH^-} = \sqrt{10^{-14}} = 10^{-7}\ \text{mol}/l$$

Aus praktischen Gründen hat Sörensen an Stelle der Wasserstoffionenkonzentration (richtiger Wasserstoffionenaktivität, s. Abschn. 3.2.) den pH-Wert eingeführt und als negativen dekadischen Logarithmus des Zahlenwertes der Wasserstoffionenkonzentration definiert:

$$pH = -\lg c_{H^+}.$$

Reines Wasser hat deshalb den pH-Wert 7 und wird als neutral bezeichnet.

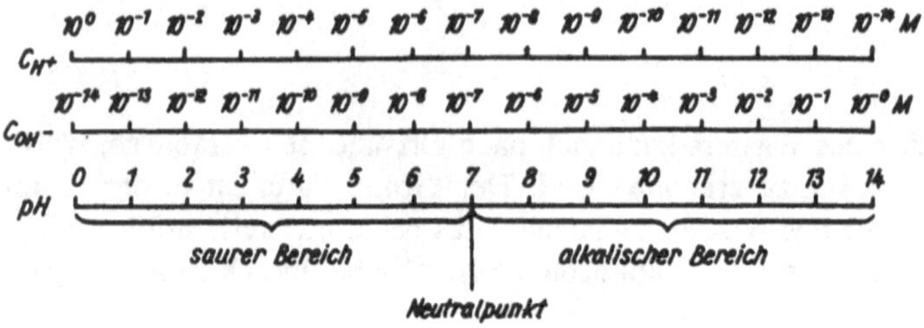

Abb. 1 Zusammenhang zwischen c_{H^+}, c_{OH^-} und pH

Abbildung 1 zeigt den Zusammenhang zwischen Wasserstoffionenkonzentration, Hydroxidionenkonzentration und pH-Wert.

Wasser reagiert mit vielen Stoffen direkt, oft intermediär, so daß manche Reaktion bei Ausschluß von Wasser nicht stattfindet.

2.1. Amphoteres Verhalten

Infolge seiner sehr geringen elektrolytischen Dissoziation ist das Wasser in der Lage, mit bestimmten Reaktionspartnern als schwache Säure bzw. als schwache Base zu reagieren. Dieser amphotere Charakter ermöglicht z. B. folgende Reaktionen:

1. $$HCl + H_2O \rightleftharpoons H_3O^+ + Cl^-$$

Hier wirkt das Wasser als Protonenacceptor (Base) und reagiert zum Hydroniumion. In dieser Form als hydratisiertes Wasserstoffion ist das Wasserstoffproton stets in wäßrigen Lösungen anzutreffen.

2. $$NH_3 + H_2O \rightleftharpoons NH_4^+ + OH^-$$

Im vorliegenden Fall wirkt das Wasser als Protonendonator (Säure), eine Eigenschaft des Wassers, die nicht sehr stark ausgeprägt ist. Mit steigender Temperatur nimmt die Basizität des Wassers zu, die Säurewirkung ab.

2.2. Hydrolysereaktionen

Salze starker Säuren und schwacher Basen (z. B. $AlCl_3$, $Al_2(SO_4)_3$, $FeCl_3$) oder schwacher Säuren und starker Basen (z. B. Na_2CO_3, KCN) werden durch Wasser hydrolytisch gespalten, wodurch bei Lösung der Salze im Wasser saure bzw. alkalische Reaktion auftritt.

Eine hydrolytische Spaltung liegt auch bei der Einwirkung von Wasser auf Chlor vor (Chlorung des Wassers).

$$Cl_2 + 2\,H_2O \rightleftharpoons H_3O^+ + Cl^- + HOCl\,.$$

Auch dient die hydrolytische Spaltung von Chloriden häufig zur präparativen Darstellung von Säuren z. B.:

$$PCl_5 + 4\,H_2O \rightleftharpoons H_3PO_4 + 5\,HCl\,.$$

2.3. Redoxverhalten

Wasser kann als Oxydations- oder Reduktionsmittel wirken. Das wird offensichtlich, wenn Wasser mit unedlen Metallen, z. B. den Alkalimetallen, zusammenkommt, wobei die Reaktion

$$2\,Na + H_2O \rightleftharpoons Na_2O + H_2$$

sogar explosionsartig verlaufen kann.

2.4. Weitere Reaktionen des Wassers

Durch Einwirkung von Wasser auf Nichtmetalloxide entstehen Säuren, z. B. aus Schwefeldioxid und Wasser schweflige Säure:

$$SO_2 + H_2O \rightleftharpoons H_2SO_3\,.$$

Metalloxide und Wasser ergeben Basen. Das ist der Fall, wenn sich Calciumoxid und Wasser zu Calciumhydroxid umsetzen:

$$CaO + H_2O \rightleftharpoons Ca(OH)_2\,.$$

Wasser hat weiterhin die Fähigkeit Aquokomplexe zu bilden. Das dreiwertige Aluminium tritt z. B. im Wasser nicht als Al^{3+}, sondern als $[Al(H_2O)_6]^{3+}$ auf. Dadurch wird sowohl die Beweglichkeit des hydratisierten Ions als auch dessen Reaktionsfähigkeit verändert.

Die genannten Beispiele über das chemische Verhalten des Wassers und mögliche Reaktionen mit verschiedenen Inhaltsstoffen zeigen, daß sich die verschiedensten Gleichgewichte ausbilden können und daß auch zwischen den einzelnen Wasserinhaltsstoffen solche Gleichgewichte bestehen. Durch Konzentrationsänderungen oder Zusatz weiterer Inhaltsstoffe sind in einem Wasser starke Verschiebungen dieser Gleichgewichte zu erwarten. Die Bedeutung dieser Tatsache wird im folgenden näher erläutert.

3. Wechselwirkungen zwischen Wasser und gelösten Stoffen

Wasser ist das bekannteste und verbreitetste Lösungsmittel für eine Vielzahl von festen, flüssigen und gasförmigen Stoffen. In der Wasserchemie sind auch „gelöste Stoffe" im Milligramm- (mg/*l*) und Mikrogramm-Bereich (µg/*l*) von Bedeutung, die in der klassischen Chemie bereits unter „unlöslich" rangieren. Der Begriff „wasserunlöslich" ist also zumindest mit Vorsicht zu verwenden.

Die Löslichkeit der einzelnen Stoffe im Wasser ist sehr unterschiedlich. Sie nimmt bei festen Stoffen in der Regel mit steigender Temperatur zu und wird besonders bei Elektrolyten von anderen gelösten Stoffen beeinflußt.

Dagegen nimmt die Löslichkeit von Gasen im allgemeinen mit steigender Temperatur ab und wird durch gelöste Stoffe ziemlich stark vermindert.

Es ist somit zu verstehen, daß sich in den verschiedenen Wässern, bedingt durch die anwesenden gelösten Stoffe, die unterschiedlichsten chemischen Gleichgewichte ausbilden. Durch Konzentrationsänderungen oder zusätzliche Inhaltsstoffe verschieben sich diese und können zu entscheidenden Veränderungen im Wasser führen.

Die diesen Vorgängen zu Grunde liegenden Gesetzmäßigkeiten sind in Lehrbüchern der Chemie ausführlich abgehandelt, sie lassen sich auf Grundlage des *MWG*[1]) und durch Gesetze der Thermodynamik mit guter Näherung beschreiben. Wichtige Gleichgewichtssysteme sind die Puffersysteme natürlicher Wässer, das Kalk-Kohlensäure-Gleichgewicht und von Redoxpotentialen und pH-Wert abhängige Prozesse im Wasser.

3.1. Pufferung

Sämtliche natürlichen Wässer stellen mehr oder weniger Puffersysteme dar. Sie sind für das Leben von Tieren und Pflanzen im Wasser außerordentlich wichtig. Die pH-Pufferung in natürlichen Wässern ist sowohl auf die im Wasser gelöst vorliegenden Inhaltsstoffe (z. B. Kohlensäure, Hydrogencarbonationen) als auch auf heterogene Säure-Base-Reaktionen, die beim Kontakt des Wassers mit

[1]) Massenwirkungsgesetz

Mineralien ablaufen, zurückzuführen. Dabei besitzen die letztgenannten Reaktionen nach STUMM und STUMM-ZOLLINGER [4] große Bedeutung.

Puffersysteme haben die Eigenschaft, einer pH-Änderung großen Widerstand entgegen zu setzen, d. h., sie sind gegenüber Säure- und Basenzusätzen wenig empfindlich, sofern sich diese in bestimmten Grenzen halten. Bei vielen chemischen Analysenverfahren ist deshalb der Zusatz einer Pufferlösung erforderlich, um das für die entsprechende Reaktion günstige pH-Milieu zu gewährleisten.

Immer wenn sich das Salz einer starken Base und einer schwachen Säure in einer wäßrigen Lösung dieser schwachen Säure, z. B. Natriumcarbonat in Kohlensäure, oder wenn sich das Salz einer starken Säure und einer schwachen Base in der wäßrigen Lösung dieser Base, z. B. Ammoniumchlorid in Ammoniumhydroxid, befindet, handelt es sich um ein Puffersystem.

Worauf ist seine Wirkung zurückzuführen? Da die Kohlensäure mit ihren Salzen im Wasser die Hauptursache für die Pufferung darstellt, soll das Puffersystem Kohlensäure/Natriumcarbonat zur Erklärung herangezogen werden.

Die wäßrige Lösung von Kohlendioxid wirkt als schwache Säure. Folgende Reaktionsgleichungen drücken das aus:

$$H_2CO_3 \rightleftharpoons H^+ + HCO_3^- \qquad (1)$$

$$HCO_3^- \rightleftharpoons H^+ + CO_3^{2-} \qquad (2)$$

Neben der schwach dissoziierten „Kohlensäure“ liegt im gewählten Puffersystem das vollständig dissoziierte Natriumcarbonat vor.

$$Na_2CO_3 \rightarrow 2\,Na^+ + CO_3^{2-} \qquad (3)$$

Die dadurch erhöhte Konzentration an Carbonationen ($c_{CO_3^{2-}}$) verschiebt die Dissoziationsgleichgewichte der Gln. (1) und (2) so stark nach links, daß nur noch eine sehr geringe Wasserstoffionenkonzentration bestehen bleibt und sich ein entsprechender pH-Wert einstellt.

Gelangen durch äußere Einflüsse nicht zu große Mengen an Wasserstoffionen (starke Säuren) in das System, so erhöht sich zunächst die Wasserstoffkonzentration. Die Gleichgewichte werden gestört, so daß die Dissoziationskonstanten K_D überschritten werden.

$$\frac{c_{H^+} c_{HCO_3^-}}{c_{H_2CO_3}} > K_{D_1} \quad \text{und} \quad \frac{c_{H^+} c_{CO_3^{2-}}}{c_{HCO_3^{2-}}} > K_{D_2}.$$

Zur Wiederherstellung der Gleichgewichte treten solange Carbonat- und Hydrogencarbonationen mit Wasserstoffionen zusammen, bis die Werte der Dissoziationskonstanten K_{D_1} und K_{D_2} wieder erreicht worden sind. Der pH-Wert des

Systems und damit das Pufferniveau haben sich somit kaum verändert. Eine Änderung ist erst dann zu erwarten, wenn die Carbonationen fast vollständig verbraucht sind.

Werden dem gleichen Puffersystem Hydroxylionen (starke Basen) zugeführt, so kommt es zur Neutralisation derselben durch die aus den Dissoziationsgleichungen (1) und (2) stammenden Wasserstoffionen, die laufend nachgeliefert werden, um die Störung des Gleichgewichtes auszugleichen. Eine merkliche pH-Verschiebung tritt erst dann auf, wenn fast alle Kohlensäure neutralisiert ist. Als Maß für die Pufferwirkung dienen Pufferkapazität und Pufferintensität [5, 6].

3.2. Ionenaktivität

Bei den bisherigen Betrachtungen wurde mit Konzentrationen bestimmter Wasserinhaltsstoffe gerechnet. Dabei wurde nicht berücksichtigt, daß die Ionen mehr oder weniger starke Wechselwirkungen aufeinander ausüben. Diese Beeinflussung, hervorgerufen durch elektrische Felder, von denen die Ionen umgeben sind, ist abhängig von der Ladung und vom gegenseitigen Abstand aller anwesenden Ionen. Dadurch scheinen die Ionen in niedrigeren Konzentrationen vorzuliegen, als das der Fall ist. Bei Gleichgewichtsbetrachtungen muß das Beachtung finden. Nach DEBEY und HÜCKEL werden die Konzentrationen mit bestimmten Faktoren, den Aktivitätskoeffizienten, multipliziert:

$$\alpha = f_i \cdot c$$

α — Ionenaktivität
f_i — Aktivitätskoeffizient
c — Konzentration

Bei sehr verdünnten Lösungen, also geringer Ionenkonzentration, sind die zwischen den Ionen wirkenden Kräfte gering, die Ionenaktivität ist der Ionenkonzentration fast gleich zu setzen, so daß der Aktivitätskoeffizient dem Wert 1 nahekommt. Bei konzentrierteren Lösungen ist der Aktivitätskoeffizient erheblich kleiner als 1.

Analytisch werden in fast allen Fällen die wirklichen Konzentrationen der Ionen erfaßt. Für Gleichgewichtsbetrachtungen ist daher ihre Korrektur unbedingt notwendig. Der Aktivitätskoeffizient f_i stellt für jede einzelne Ionenart das Verhältnis von Ionenaktivität zur molaren Konzentration dar. Sein Logarithmus errechnet sich in ausreichender Näherung nach

$$-\log f_i = \frac{1{,}815 \cdot 10^6}{(\varepsilon \cdot T)^{3/2}} z_i^2 \sqrt{I} \qquad (1)$$

z_i — Wertigkeit des betreffenden Ions
ε — Dielektrizitätskonstante
T — absolute Temperatur
I — Ionenstärke

Bei Zimmertemperatur vereinfacht sich die Gleichung zu

$$-\log f_i = 0{,}5 z_i^2 \sqrt{I} \tag{2}$$

In diesen Gleichungen tritt der Begriff der Ionenstärke I auf. Die Berechnung von I erfolgt nach:

$$I = \sum_i^i c_i z_i^2 \tag{3}$$

c_i – molare Konzentration

Die Aktivität der Wasserstoffionen wird bei der pH-Wertmessung direkt bestimmt und nicht, wie vereinfacht dargestellt wurde, die Wasserstoffionenkonzentration.

3.3. Kalk-Kohlensäure-Gleichgewicht

Alle natürlichen Wässer enthalten mehr oder weniger große Mengen an Kohlensäure in freier und in gebundener Form. In der Wasserpraxis wird deshalb zwischen freier und gebundener Kohlensäure unterschieden. Die freie Kohlensäure setzt sich zum überwiegenden Teil aus gelöstem Kohlendioxidgas (CO_2) und einem sehr geringen Teil Kohlensäure (H_2CO_3) zusammen. Nur etwa 0,7 % des gelösten CO_2 reagiert mit Wasser unter Bildung von H_2CO_3.

$$CO_2 + H_2O \rightleftharpoons H_2CO_3 \, .$$

Diese dissoziiert in der 1. Stufe in H^+ und HCO_3^-.

Die Kohlensäure in diesen Formen spielt im Wasser eine entscheidende Rolle, da sie in der Lage ist, wasserunlösliches Calciumcarbonat und andere schwerlösliche Carbonate als Hydrogencarbonate aufzulösen.

$$CaCO_3 + CO_2 + H_2O \rightleftharpoons Ca^{2+} + 2\,HCO_3^- \, .$$

Als gebundene Kohlensäure wird die in Carbonaten und Hydrogencarbonaten enthaltene Kohlensäure bezeichnet. Die Hydrogencarbonationen sind in fast allen natürlichen Wässern vorhanden. Um in Lösung zu bleiben, benötigen sie gemäß der obigen Gleichgewichtsreaktion eine bestimmte Menge an freier Kohlensäure, die sogenannte zugehörige freie Kohlensäure.

Die Differenz zwischen freier Kohlensäure und zugehöriger freier Kohlensäure wird als überschüssige freie Kohlensäure bezeichnet.

Kalkaggressiv ist nur ein Teil der überschüssigen freien Kohlensäure und zwar derjenige, der $CaCO_3$ als Hydrogencarbonat aufzulösen vermag. Diese entstandenen Hydrogencarbonationen benötigen erneut zugehörige freie Kohlensäure zum Inlösungbleiben. Nur der verbleibende Rest der überschüssigen freien Kohlensäure ist noch kalkaggressiv. Grundlage dieser Betrachtungsweise ist die direkte Reaktion der freien Kohlensäure mit Calciumcarbonat. Das steht im Widerspruch zu der Tatsache, daß zwei Wässer mit gleichem Gehalt an kalkaggressiver Kohlensäure nicht die gleiche Kalkaggressivität zeigen, sondern weiche Wässer (geringe Härte) mit hohen pH-Werten viel nachhaltiger wirken als harte Wässer. AXT [7] vertritt die Auffassung, daß die kalkaggressive Kohlensäure nur eine rein formale und nicht allgemein anwendbare Hilfsgröße ist.

Metallaggressiv ist die gesamte freie Kohlensäure, also auch die zugehörige freie Kohlensäure.

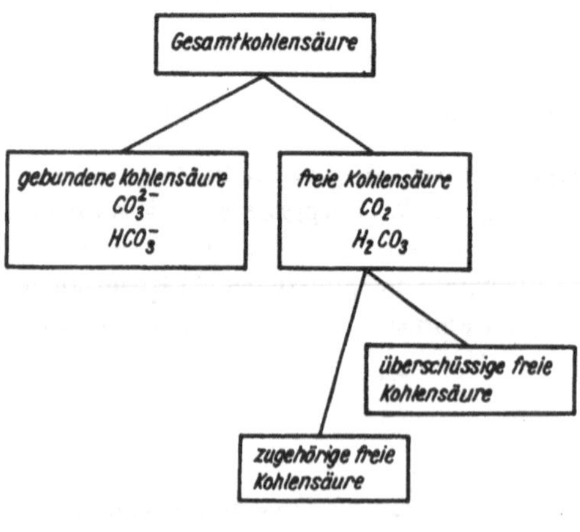

Abb. 2: Verschiedene Kohlensäure-Formen

Das Kalk-Kohlensäure-Gleichgewicht liegt in einem Wasser vor, wenn es einerseits zu keiner $CaCO_3$-Ausscheidung kommt und andererseits keine kalkaggressiven Eigenschaften vorhanden sind, d. h., wenn gerade so viel freie Kohlensäure im Wasser vorhanden ist, als zum Inlösunghalten des in diesem Wasser vorhandenen Calciumhydrogencarbonats notwendig ist.

Die Einstellung des Kalk-Kohlensäure-Gleichgewichtes ist eine wichtige Wasseraufbereitungsmaßnahme. Dabei bezieht sich der Begriff „Gleichgewicht“ nur auf das im Wasser vorliegende System, das sich auf Grund zahlreicher Einflußgrößen nicht in einfacher Form darstellen läßt.

Die grundlegende Arbeit auf diesem Gebiet stammt von TILLMANS [8] aus dem Jahre 1912. Er stellte die als TILLMANSsches Gesetz bekannte Gleichung auf:

$$c_{CO_2,z} = k_T c^2_{HCO_3^-} \cdot c_{Ca^{2+}}$$

k_T – TILLMANSsche Konstante $= \frac{K_2}{K_1 L}$

K_1 – Dissoziationskonstante der ersten Stufe der Kohlensäure

K_2 – Dissoziationskonstante der zweiten Stufe der Kohlensäure

L – Löslichkeitsprodukt des Calciumcarbonats

$c_{CO_2,z}$ – Konzentration der im Wasser gelösten zugehörigen freien Kohlensäure

$c_{HCO_3^-}$ – Konzentration der im Wasser gelösten Hydrogencarbonationen

$c_{Ca^{2+}}$ – Konzentration der im Wasser gelösten Calciumionen

Da k_T aus drei Gleichgewichtskonstanten abgeleitet ist, spielt der Temperatureinfluß ein große Rolle. Hinzu kommt, daß die für die Praxis aus dem Gesetz entwickelten Kurven und Tabellen nur auf Wässer bezogen sind, in denen die Menge der vorhandenen Calcium- und Hydrogencarbonationen einander äquivalent sind. Ein weiterer Nachteil der TILLMANSschen Gleichung liegt in der Vernachlässigung des Salzgehaltes, also des Eigen- und Fremdelektrolyteinflusses. HÄSSELBARTH [9] korrigierte deshalb die TILLMANSsche Gleichung folgendermaßen:

$$c_{CO_2,z} = \frac{k_T}{f_T} c^2_{HCO_3^-} c_{Ca^{2+}} \tag{2}$$

Der Korrekturfaktor f_T berücksichtigt den Eigen- und Fremdelektrolyteinfluß. Er läßt sich für jedes Wasser nach LARSON und BUSWELL [10] errechnen:

$$\lg f_T = \frac{3 \cdot \sqrt{I} + 1{,}7 \cdot I}{l + 5{,}3\sqrt{I} + 5{,}5 \cdot I}$$

I – Ionenstärke

In den letzten Jahren sind eine Reihe von Veröffentlichungen erschienen, die sich erneut mit der Thematik des Kalk-Kohlensäure-Gleichgewichtes beschäftigen. Diese Arbeiten gehen von einer thermodynamischen Betrachtungsweise aus. AXT [11] und HÖMIG [12] beschreiben das Kalk-Kohlensäure-Gleichgewicht nach der Gleichung

$$c_{Ca^{2+}} \cdot c_{CO_3^{2-}} = \frac{L}{f_2^2}$$

L – Löslichkeitsprodukt des $CaCO_3$

f_2 – Aktivitätskoeffizient für die 2. Stufe des Dissoziationsgleichgewichtes der Kohlensäure

Vorausgesetzt wird, daß sich die Lösung mit dem Bodenkörper $CaCO_3$ im Gleichgewicht befindet. Solche Verhältnisse liegen in Rohrleitungssystemen mit einer ausgebildeten Kalk-Rostschutz-Schicht vor.
Ist dagegen

$$c_{Ca^{2+}} \cdot c_{CO_3^{2-}} > \frac{L}{f_2^2},$$

dann ist das Wasser an $CaCO_3$ übersättigt und dieses fällt aus. Ist dagegen

$$c_{Ca^{2+}} \cdot c_{CO_3^{2-}} < \frac{L}{f_2^2},$$

so löst das Wasser das $CaCO_3$ auf, das Wasser ist kalkaggressiv.

Auch STUMM und STUMM-ZOLLINGER [4] schlagen thermodynamische Gleichgewichtsmodelle vor. Zwar werden solche Modelle häufig den praktischen Verhältnissen nicht im vollen Umfang gerecht, doch ist es möglich, Grenzbedingungen eines wäßrigen Systems zu beschreiben.

3.3.1. *Der Gleichgewichts-pH-Wert*

Anzunehmen ist, daß Wässer, die im Kalk-Kohlensäure-Gleichgewicht stehen, einen pH-Wert von etwa 7,0 aufweisen. Das ist aber nicht der Fall. Insbesondere zeigen harte Wässer, auch wenn sie sich im Kalk-Kohlensäure-Gleichgewicht befinden, oft niedrigere pH-Werte (z. B. 6,8). Das ist ein Zeichen für die in diesem Falle verhältnismäßig hohe Konzentration an zugehöriger freier Kohlensäure. Der pH-Wert kann deshalb allein kein Kennzeichen für die Aggressivität eines Wassers sein. Will man sich Sicherheit über das Angriffsverhalten eines Wassers verschaffen, so sollte außer den Gehalten an überschüssiger und kalkangreifender Kohlensäure der Sättigungsindex S nach STROHECKER und LANGELIER herangezogen werden. Er wird als die Differenz des gemessenen pH-Wertes und dem Gleichgewichts-pH, also dem zu erwartenden pH-Wert, den ein Wasser bei gegebenem Gehalt an Calcium- (Ca^{2+}), Magnesium- (Mg^{2+}), Hydrogencarbonat- (HCO_3^-), Sulfat- (SO_4^{2-}) und Chloridionen (Cl^-) im Kalk-Kohlensäure-Gleichgewicht hat, definiert:

$$S = pH_{gemessen} - pH_{Gleichgewicht}$$

Der Gleichgewichts-pH läßt sich nach der korrigierten STROHECKER-LANGELIERschen Gleichung ermitteln:

$$pH_{Gleichgewicht} = pK - \lg c_{HCO_3^-} - \lg c_{Ca^{2+}} + \lg f_L$$

pK — LANGELIERsche Konstante
f_L — Aktivitätskoeffizient

Der Aktivitätskoeffizient ergibt sich aus der Ionenstärke des Wassers nach

$$\lg f_L = \frac{2{,}5 \sqrt{I}}{1 + 5{,}3 \cdot \sqrt{I} + 5{,}5\, I}$$

Zur Vereinfachung des Rechenganges gibt es Tabellen, in denen die Werte für pK in Abhängigkeit von der Temperatur und Werte für $\lg f_L$ gegen die Ionenstärken aufgeführt sind [13].

Ist der Sättigungsindex $S = 0$, so befindet sich das untersuchte Wasser im Kalk-Kohlensäure-Gleichgewicht. Erreicht S positive Werte, so neigt das Wasser zu Ausscheidungen von $CaCO_3$. Errechnet sich dagegen ein negativer Wert, so ist überschüssige Kohlensäure vorhanden.

Es muß betont werden, daß sowohl bei der pH-Messung als auch bei der Analyse der freien Kohlensäure leicht Analysenfehler auftreten können und daß eine sachgemäße Analytik unbedingte Voraussetzung für aussagekräftige Ergebnisse ist.

4. Wasserinhaltsstoffe

Eine Einteilung der Wasserinhaltsstoffe ist nach verschiedenen Gesichtspunkten möglich; sie kann erfolgen nach

1. ihrem Dispersionsgrad
2. ihrer Häufigkeit
3. ihrer Wirkung
4. ihrer chemischen Konstitution.

Alle derartigen Einteilungen haben Vor- und Nachteile und dürfen nicht als starre Schemata aufgefaßt werden. Sie sollen einen Überblick ermöglichen und auf die Vielseitigkeit der Materie aufmerksam machen.

Zu 1. Wasserinhaltsstoffe treten in verschiedenen Dispersionsgraden auf. Nach vorliegender Teilchengröße wird zwischen echten, kolloiden Lösungen und Suspensionen unterschieden, in denen die häufigsten Teilchendurchmesser bei

molekulardisperser Verteilung	10^{-8} bis 10^{-6} cm,
kolloiddisperser Verteilung	10^{-7} bis 10^{-5} cm und
bei grobdisperser Verteilung	10^{-5} cm

betragen.

Größere Teilchen und grobe Bestandteile im Wasser fallen unter den Begriff der Sink- und Schwebstoffe.

Zu 2. Nach der Häufigkeit ihres Vorkommens in einem bestimmten Konzentrationsbereich ist eine Einteilung in Hauptinhaltsstoffe, Begleit- und Spurenstoffe möglich. Zum Beispiel kann die Hauptmenge der Inhaltsstoffe natürlicher Wässer auf vier Kationen (Natrium-, Kalium-, Calcium-, Magnesiumionen), vier Anionen (Chlorid-, Nitrat-, Hydrogencarbonat- und Sulfationen) und drei Gase (Sauerstoff, Kohlendioxid und Stickstoff) zurückgeführt werden. Ihr Konzentrationsbereich liegt häufig über 10 mg/*l*. Außerdem ist mit einer großen Anzahl von Begleitstoffen zu rechnen, die in Konzentrationsbereichen zwischen 0,1 bis 10 mg/*l* zu erwarten sind. Dabei handelt es sich vielfach um Elektrolyte, wie Eisen(II)-, Mangan(II)-, Fluorid-, Nitrit-, Phosphationen, Gase, wie Schwefelwasserstoff, Ammoniak, Methan, organische Verbindungen und Stoffe, die in kolloiddisperser oder grobdisperser Form vorliegen, wie Oxidhydrate des Eisens und Mangans, Kieselsäure, Silicate, Öle und Fette. Besondere Aufmerksamkeit verdienen aber auch die in Konzentrationen unter 0,1 mg/*l* vorliegenden Spurenstoffe, bevorzugt Schwermetallionen, deren Bedeutung erst in letzter Zeit erkannt wurde.

Neben den bisher aufgeführten Wasserinhaltsstoffen sind in den verschiedenen Wasserarten Stoffe zu finden, die durch die menschliche Tätigkeit hineingelangt sind und zwar

- durch Einleitung von Abwässern
- durch Maßnahmen in der Landwirtschaft (z. B. Düngung, Ausbringung von Pflanzenschutzmitteln)
- durch Luftverunreinigungen und Abscheidung mit dem Niederschlag
- durch Schiffsverkehr und Transportunfälle (Ölverschmutzung).

Kommunale Abwässer enthalten in erster Linie organische Stoffe, u. a. Kohlenhydrate, Eiweiße und Fette, daneben Tenside und sonstige Abfallstoffe aus dem häuslichen Bereich. Mit Industrieabwässern, insbesondere aus der chemischen Industrie, können sämtliche chemische Verbindungen in die Gewässer gelangen.

Zu 3. Bei der Frage nach der Wirkung der Wasserinhaltsstoffe ist eine Unterscheidung zwischen erwünschten und unerwünschten Wasserinhaltsstoffen möglich. Neben der Konzentration des zu betrachtenden Wasserinhaltsstoffes ist der Nutzungszweck des Wassers entscheidend. Im Vordergrund stehen dabei biologisch-hygienische Aspekte, weiterhin Probleme der technischen Seite der Wasserversorgung.

Zum Beispiel wären ohne das Vorhandensein anorganischer Spurenstoffe im Wasser viele Lebensprozesse nicht denkbar. Ähnlich lebensnotwendige Wirkstoffe finden sich unter den organischen Spurenstoffen.

Ein Trinkwasser wird als gut gewertet, wenn es gewisse Mengen bestimmter Mineralsalze enthält. Wässer mit extrem großen Mengen an Mineralsalzen werden als Heilwässer genutzt.

Alle diese erwünschten Wasserinhaltsstoffe sind für einen anderen Nutzungszweck, z. B. für das Betreiben eines Hochdruckkessels im dort benötigten Kesselspeisewasser, unerwünscht und schädlich.

Unerwünschte Wasserinhaltsstoffe werden als Schadstoffe bezeichnet. Hierunter fallen sowohl Stoffe mit ausgesprochen toxischer Wirkung als auch Stoffe mit störender Wirkung. Eindeutig ist die Situation bei einer Vielzahl von Stoffen mit toxischer Wirkung, wie das der Fall bei Giften, z. B. Arsen-, Cadmium-, Quecksilber- und Cyanverbindungen, oder bei Cancerogenen ist. Anders zu bewerten sind Stoffe, die in ausreichender Verdünnung keinerlei Schaden anrichten, dagegen in hohen Konzentrationen schädliche Wirkungen auslösen. Die ungiftigen Kohlenhydrate können beispielsweise zum Schadstoff im Wasser werden, wenn sie als Abwässer von Zuckerfabriken in die Gewässer gelangen, wie das in den wenigen Wochen der Zuckerrübenkampagne der Fall ist. Der durch diese stoßweise Einleitung ausgelöste Sauerstoffschwund führt u. a. zur Massenentwicklung unerwünschter Organismen und eventuellem Fischsterben, wodurch eine weitere Wassernutzung stark beeinträchtigt wird.

Bei der Beantwortung der Frage, ob eine Substanz ein Schadstoff ist, muß deshalb in vielen Fällen die spezifische Situation beachtet werden, wobei dem Urteil des Hygienikers und Toxikologen eine entscheidende Bedeutung zukommt.

Zu 4. Nach chemischen Gesichtspunkten ist zweifellos die weitestgehende Einteilung der Wasserinhaltsstoffe möglich, wobei von einer Grobeinteilung in anorganische und organische Inhaltsstoffe des Wassers ausgegangen wird. Bei den anorganischen Wasserinhaltsstoffen sollten die Elektrolyte in Kationen und Anionen unterteilt werden. Bei den organischen Inhaltsstoffen des Wassers ist eine Unterteilung in polare und unpolare Stoffe angebracht, auch kann eine detailliertere Unterteilung in bestimmte Substanzklassen, wie Amine, Chlorkohlenwasserstoffe, Phenole und andere vorgenommen werden.

4.1. Anorganische Wasserinhaltsstoffe

Die Bedeutung anorganischer Wasserinhaltsstoffe für die Güte eines Wassers wurde verhältnismäßig frühzeitig erkannt. Zum Beispiel brachte schon Paracelsus den Salzgehalt von Thermalquellen in Zusammenhang mit deren Heilwirkung. Mangels anderer Methoden wurde damals insbesondere der Form, Farbe und dem Geschmack der in Wässern gelösten Salze große Aufmerksamkeit geschenkt. Im Laufe der weiteren Entwicklung von Wissenschaft und Technik wurde es notwendig und möglich, mehr Kenntnisse über Wasserinhaltsstoffe zu gewinnen. Sowohl in Wasser gelöste Gase, besonders Sauerstoff und Kohlendioxid, eine Menge verschiedener Kationen, wie Härtebildner, Eisen und Mangan, weiterhin Anionen, darunter die Nährstoffe Phosphat und Nitrat, und in neuerer Zeit die sogenannten Spurenelemente erfuhren mehr oder weniger die ihnen gebührende Beachtung.

Von der Vielzahl anorganischer Wasserinhaltsstoffe wird im folgenden auf wichtige Gase, Kationen und Anionen eingegangen.

4.1.1. Gase

Einige gelöste Gase im Wasser sind für die Wassergüte von außerordentlicher Bedeutung.

Über die Löslichkeit der wesentlichen im Wasser anzutreffenden Gase gibt Tab. 2 Auskunft.

Die Gase Sauerstoff, Stickstoff, Kohlendioxid, Schwefelwasserstoff und Methan kommen vorzugsweise durch natürliche Vorgänge in das Wasser, während Ammoniak und Chlor hauptsächlich durch die menschliche Tätigkeit in das Wasser gelangen.

Tabelle 2: Löslichkeit von Gasen in Wasser bei Normaldruck*)

Gas	Löslichkeit im mg/*l*	
	10 °C	20 °C
Sauerstoff	53,7	44,0
Kohlendioxid	2360	1730
Stickstoff	22,6	19,4
Ammoniak	764700	541500
Chlor	9970	7280
Schwefelwasserstoff	5232	3974
Methan		24
Luft		
davon 78,08 Vol.-% Stickstoff	17,45	14,2
20,95 Vol.-% Sauerstoff	11,27	9,02
0,03 Vol.-% Kohlendioxid	0,7	0,51

* Normaldruck: 101,3 kPa (760 Torr)

Stickstoff als äußerst reaktionsträges Gas hat nur geringe Bedeutung im Wasser. Das Methan soll erwähnt werden, da es beim anaeroben und mikrobiellen Abbau organischer Stoffe gebildet und zum Teil im Wasser von methanoxydierenden Bakterien zu Kohlendioxid dehydriert wird.

4.1.1.1. Sauerstoff

Gasförmiger Sauerstoff gelangt aus der Luft, die 20,95 Vol.-% O_2 enthält, und durch die Assimilationstätigkeit chlorophyllhaltiger Wasserorganismen über die Photosynthese nach der Reaktionsgleichung

$$6\,H_2O + 6\,CO_2 + \text{Energie} \rightleftharpoons C_6H_{12}O_6 + 6\,O_2$$

in das Wasser, wo er gelöst in Form der O_2-Moleküle vorliegt. Die Sauerstoffaufnahme aus der Atmosphäre erfolgt durch die Wasseroberfläche und wird durch Turbulenz und Diffusion gefördert. Die Konzentration an gelöstem Sauerstoff ist von der Temperatur, dem Barometerdruck und dem Gehalt an gelösten Substanzen abhängig. Zum Beispiel beträgt die Sauerstoffsättigung im Wasser bei einem Gesamtdruck der wasserdampfgesättigten Atmosphäre von 101,3 kPa [61] bei 0 °C 14,65 mg/*l* O_2, bei 20 °C 9,02 mg/*l* O_2. Meerwasser mit seinem erhöhten

Salzgehalt kann weniger Sauerstoff aufnehmen als Süßwasser. Das gilt auch für Abwasser, dessen Aufnahmevermögen für Sauerstoff bis zu 5% niedriger als im reinen Wasser liegt.

Als lebenswichtiges Element für tierische und pflanzliche Organismen hat der gelöste Sauerstoff im Wasser eine entscheidende Bedeutung. Eine Sauerstoffverminderung wird durch die Atmungstätigkeit der Wasserorganismen, durch die Oxydation anorganischer Substanzen, durch den biologischen Abbau organischer Stoffe und durch Temperaturerhöhung hervorgerufen. Der Sauerstoffgehalt des Wassers ist wesentlicher Faktor für die Reinhaltung der Gewässer im Zusammenhang mit der sogenannten Selbstreinigung (s. Abschn. 4.2.).

In der Wasserversorgung zeigt der im Wasser gelöste Sauerstoff positive und negative Wirkungen. Ausreichender Sauerstoffgehalt vermindert die Gefahr von Geschmacksbeeinflussungen des Trinkwassers, außerdem ist ein Mindestgehalt von 4 bis 5 mg/*l* O_2 zur Ausbildung von Eisenkorrosionen verhindernden Schutzschichten notwendig. Zusammen mit freier Kohlensäure fördert dagegen der Sauerstoff die Metallkorrosion.

4.1.1.2. Kohlendioxid, Kohlensäure

Kohlendioxid[1]) gelangt aus der Atmosphäre, die 0,03% CO_2 enthält, in das Wasser. Eine weitere Quelle beruht auf der Stoffwechseltätigkeit von Organismen. Bei biochemischen Abbauprozessen im aeroben Milieu wird der Kohlenstoff organischer Verbindungen zu Kohlendioxid mineralisiert, im anaeroben Milieu entstehen zu ca. 50% Kohlendioxid und Methan.

Beim Durchsickern von Wasser durch den Boden wird das auf biogenem Wege gebildete Kohlendioxid aufgenommen und im Grundwasser angereichert, welches deshalb häufig Gehalte von 10 bis 20 mg/*l* CO_2 aufweist. Mineralwässer haben Konzentrationen von über 1000 mg/*l* CO_2. Oberflächenwasser enthält oft nur wenige mg/*l* CO_2.

Etwa 0,7% des gelösten Kohlendioxids reagiert mit Wasser unter Bildung von Kohlensäure, H_2CO_3, die in der ersten Stufe in Wasserstoffionen und Hydrogencarbonationen, in der zweiten Stufe in Wasserstoff- und Carbonationen dissoziiert. Das Verhältnis, in welchem diese Ionen im Wasser auftreten, ist vom pH-Wert abhängig, z. B. kommen im pH-Bereich von 7 bis 10 fast nur Hydrogencarbonationen vor.

Kohlendioxid im Wasser ist in der Lage wasserunlösliche Carbonate, insbesondere Erdalkalicarbonate in wasserlösliche Hydrogencarbonate überzuführen. In diesem Zusammenhang spielt insbesondere das Kalk-Kohlensäure-Gleichgewicht eine wichtige Rolle (s. Abschn. 3.3.).

[1]) nach JUPAC-Nomenklatur: Carbondioxid.

Für die Wasserversorung ist der Gehalt an freier Kohlensäure, die sich hauptsächlich aus gelöstem Kohlendioxid und geringen Mengen Kohlensäure zusammensetzt, wegen ihrer metall- und z. T. kalkaggressiven Eigenschaften von wesentlicher Bedeutung. Aus diesem Grund ist bei Wasseraufbereitungsprozessen die Entsäuerung eine wichtige technologische Stufe.

Kohlendioxid wirkt sich günstig auf den Geschmack eines Wassers aus. Im Trinkwasser muß das Kalk-Kohlensäure-Gleichgewicht gewährleistet sein.

4.1.1.3. Schwefelwasserstoff

Schwefelwasserstoff, H_2S, ist gut in Wasser löslich. Umsetzungen von Eisenkies und Kohlensäure im Boden führen zur Schwefelwasserstoffbildung

$$FeS_2 + 2\,CO_2 + 2\,H_2O \rightleftharpoons Fe(HCO_3)_2 + H_2S + S\,.$$

Der gebildete Schwefelwasserstoff wird dann leicht vom Wasser aufgenommen.

Unter anaeroben Bedingungen entsteht Schwefelwasserstoff bei biologischen Abbauprozessen im Wasser, sowie durch reduzierende Desulfurikanten aus Sulfaten. Bei seiner Oxydation kommt es zur Schwefelabscheidung. Mit Schwermetallen, insbesondere Eisenionen, bilden sich schwerlösliche Sulfide, weil ein geringer Teil des gelösten Schwefelwasserstoffs in die Ionen H^+, HS^- und S^{2+} dissoziiert. Durch sekundär gebildete Schwefelsäure, meistens unter Mithilfe von Bakterien, wird leicht Korrosion an Beton und Metallen ausgelöst.

Schwefelwasserstoff hat eine starke Giftwirkung, bereits geringste Spuren machen sich durch einen äußerst unangenehmen Geruch (nach faulen Eiern) bemerkbar. Konzentrationen bis zu 0,01 Nanogramm H_2S im Liter (10^{-9} g/*l*) können vom Menschen noch wahrgenommen werden. Das ist auch der Grund, warum Schwefelwasserstoff im Trinkwasser nicht enthalten sein darf.

Durch offene Belüftung läßt sich Schwefelwasserstoff im allgemeinen leicht entfernen.

4.1.1.4. Ammoniak

Ammoniak, NH_3, ist unter Normalbedingungen ein farbloses Gas von stechendem Geruch. In Wasser löst es sich ausgezeichnet. In wäßriger Lösung reagiert Ammoniak unter Bildung von Ammoniumionen:

$$NH_3 + H_2O \rightleftharpoons NH_4^+ + OH^-\,.$$

Auf Grund der geringen Dissoziation des Wassers ist das Gleichgewicht nach der Seite des Ammoniaks verschoben, d. h., die wäßrige Lösung reagiert nur schwach basisch.

Ammoniak gelangt vor allem zum Zwecke der Desinfektion durch das Chlor-Ammoniak-Verfahren in das Wasser. Die dabei entstehenden Verbindungen des Mono- (NH_2Cl) und Dichloramins ($NHCl_2$) sind oxydierende und keimtötende Substanzen, die im Gegensatz zum Chlor beständiger sind und somit über längere Zeit eine Desinfektionswirkung gewährleisten. Da der Entkeimungseffekt jedoch geringer ist als bei der Anwendung von freiem Chlor, sind höhere Restkonzentrationen an Chlor und Ammoniak notwendig.

Durch Bildung von Trichloramin, NCl_3, können zusätzlich Geruchsbelästigungen hervorgerufen werden.

Nach einer Wasseraufbereitung durch Zusatz von Ammoniak soll der Gehalt an Ammoniumionen von 0,5 mg/*l* nicht überschritten werden.

4.1.1.5. Chlor

Chlor, Cl_2, ist bei Normalbedingungen ein gelbgrünes, stechend riechendes Gas; es ist das gebräuchlichste Desinfektionsmittel bei der Wasseraufbereitung von Trink-, Bade- und Betriebswasser.

Die Löslichkeit des Chlors im Wasser ist beträchtlich. Chlor disproportioniert im Wasser nach der Reaktionsgleichung

$$Cl_2 + H_2O \rightleftharpoons HCl + HOCl\,.$$

Die gebildete schwache und deshalb wenig dissoziierte unterchlorige Säure, HClO, besitzt im Vergleich zum freien Chlor und den Hypochloritionen, ClO^-, bei Redoxreaktionen das höchste Redoxpotential und somit die stärkste Oxydationswirkung. Der dabei entstehende Sauerstoff im status nascendi ist besonders wirksam

$$HClO \rightleftharpoons H^+ + Cl^- + O\,.$$

Im alkalischen Milieu werden die gebildeten Säuren neutralisiert und es kommt durch Dissoziation der entstandenen Salze zur Bildung von Hypochloritionen, die eine weitaus geringere Oxydationswirkung haben als die unterchlorige Säure. Die Wirkung einer Chlorung nimmt also bei steigendem pH-Wert ab.

Neben der erwünschten Desinfektionswirkung, die zur Abtötung von Mikroorganismen sowie der Zerstörung von Geschmacks- und Geruchsstoffen führen soll, kann Chlor mit organischen Verbindungen, insbesondere den Phenolen, Reaktionen eingehen, bei denen Verbindungen, z. B. Chlorphenole, entstehen, die äußerst geruchs- und geschmacksintensiv sind. In solchen Fällen sind besondere Wasseraufbereitungsmaßnahmen, wie die Einschaltung von Aktivkohlefiltern, notwendig.

Seit einiger Zeit wird in verstärktem Maße darauf aufmerksam gemacht, daß im Trinkwasser Haloformverbindungen, z. B. Chloroform, nachzuweisen sind. Besonders in Veröffentlichungen aus den USA wird auf einen möglichen Zusammenhang zwischen Verunreinigungen des Trinkwassers durch Haloforme und Krebshäufigkeit hingewiesen. Nach UEHLEKE [14] ist das jedoch nicht eindeutig bewiesen. Im Mittel wurden Konzentrationen um 50 µg/*l* festgestellt. Da solche Konzentrationen im Rohwasser in den wenigsten Fällen vorgefunden werden, ist offensichtlich, daß sich diese Verbindungen durch Reaktion des Chlors mit im Wasser vorliegenden organischen Stoffen bilden. Nach SONTHEIMER [15] sollte bei der Chlorung künftig darauf geachtet werden, Zugabemengen und Reaktionsbedingungen so einzuhalten, daß sowohl eine sichere Desinfektion erreicht, als auch gleichzeitig die Bildung organischer Chlorverbindungen in Grenzen gehalten wird.

Stark gechlortes Wasser macht sich durch Eigengeruch des Chlors bemerkbar, Geschmacksbeeinträchtigungen treten bereits bei geringen Konzentrationen von etwa 0,5 mg/*l* Cl_2 auf. Gesundheitsschädigungen des Menschen haben sich bei Chlorkonzentrationen von mehr als 90 mg/*l* Cl_2 in Form von leichten Schlund- und Munderkrankungen gezeigt, auch Hautreizungen und Entzündung der Bindehaut können sich einstellen. Eine wirksame Chlorung des Trinkwassers ist gewährleistet, wenn der Chlorgehalt beim Verbraucher noch 0,1 mg/*l* beträgt.

4.1.2. Kationen

4.1.2.1. Wasserstoffionen, pH-Wert

Das Wasserstoffion liegt in wäßriger Lösung stets hydratisiert, als Hydroniumion $(H_3O)^+$, vor.

Die Wasserstoffionenkonzentration wird durch den pH-Wert ausgedrückt (s. Kap. 2.). Er liegt in natürlichen Wässern zwischen 6,5 und 7,5. In diesem Bereich wird der pH-Wert hauptsächlich durch den Gehalt an freier Kohlensäure und Hydrogencarbonationen verursacht. Huminsäuren erniedrigen den pH-Wert, desgleichen saure Abwässer. Besonders sauer sind Grubenwässer in Erz- und Braunkohlengebieten.

pH-Veränderungen bis über 9 können durch eine biogene Entkalkung hervorgerufen werden, weiterhin durch die Einleitung alkalischer Abwässer.

Im pH-Bereich um den Neutralpunkt (pH 7) verlaufen die wichtigsten biologischen und chemischen Abbauvorgänge optimal. Der pH-Wert ist somit ein empfindliches Kriterium für Veränderungen der Wasserqualität. Über pH 9 treten seifenartige Geschmacksbeeinflussungen auf, pH-Werte unter 6,5 bewirken Korrosionen.

Im Trinkwasser soll der pH-Wert im Bereich zwischen 7,0 und 8,5 liegen.

4.1.2.2. Alkalimetallionen

Von den Alkalimetallionen sind die Natrium- und Kaliumionen im Wasser am verbreitesten. Die übrigen Alkalimetallionen, Lithium, Rubidium und Caesium, haben als Wasserinhaltsstoffe keine Bedeutung. Der Lithiumgehalt im Meerwasser liegt bei 0,18 mg/*l*, der des Rubidiums bei 0,12 mg/*l* und der des Caesiums bei 0,4 µg/*l* [16]. Das Ammoniumion wird wegen seiner den Alkaliionen ähnlichen Eigenschaften ebenfalls in diesem Abschnitt behandelt.

4.1.2.2.1. Natriumionen

Von den Kationen sind die Natriumionen im Wasser am weitesten verbreitet. Sie liegen im allgemeinen in einer Häufigkeit von über 50% gegenüber allen anderen Kationen vor und entstammen den Salzlagerstätten und Verwitterungsprodukten der Gesteine, z. B. den Kalk-Natronfeldspäten. Durch die hohe Löslichkeit der Natriumsalze und die begrenzte Adsorptionsfähigkeit der Natriumionen an Tonmineralien und anderen Bodensorbenten kommt es zu einer beachtlichen Anreicherung im Meerwasser (ca. 10800 mg/kg Na^+). Durch Abwässer der Kaliindustrie gelangen größere Mengen an Natriumsalzen in die Gewässer.

Im Zusammenwirken mit Anionen, wie Chlorid-, Sulfat-, Nitrat- und Hydrogencarbonationen, treten typisch salzartige geschmackliche Veränderungen auf, die sich durch folgende Geschmackswahrnehmungswerte [17] charakterisieren lassen:

$NaCl$	500 mg/*l* =	196,7 mg/*l* Na^+
Na_2SO_4	450 mg/*l* =	72,8 mg/*l* Na^+
$NaNO_3$	205 mg/*l* =	55,4 mg/*l* Na^+
$NaHCO_3$	480 mg/*l* =	131,4 mg/*l* Na^+

Das Natriumion kann als Bioelement bezeichnet werden, d. h., es kommt als gelöstes NaCl in menschlichen und tierischen Geweben und Körpersäften vor. Der Mindestbedarf des Menschen ist nicht genau bekannt. Er wird auf 460 mg/Tag Na^+ bzw. 1,17 g NaCl geschätzt [18]. Konzentrationen bis 150 mg/*l* Na^+ sind physiologisch unbedenklich.

4.1.2.2.2. *Kaliumionen*

Kaliumionen werden bei der Verwitterung von Kalifeldspäten und anderen Kalisilicaten frei. Durch die Tätigkeit des Menschen steigt die Kaliumkonzentration im Wasser besonders durch die Anwendung von Düngemitteln und die Abläufe der Kaliindustrie. Obwohl Kalisalze eine gute Löslichkeit im Wasser besitzen, beträgt der Anteil der Kaliumionen im allgemeinen nur 10% des Natriumionengehaltes, sicher eine Folge der guten Absorptionsfähigkeit von Böden und Gesteinen für Kaliumionen. Im Meerwasser werden ca. 400 mg/l K^+ gefunden.

Als wichtiger Pflanzennährstoff nehmen Kaliumsalze am biologischen Kreislauf teil. Erhöhte Gehalte an Kaliumionen bei gleichzeitiger Erhöhung der Konzentrationen an Natrium- und Chloridionen, besonders wenn die Kaliumionenkonzentration höher als der Gehalt an Natriumionen ist, läßt den Verdacht auf fäkale Verunreinigungen zu.

Im Trinkwasser soll ein Gehalt von 10 mg/l K^+ nicht überschritten werden.

4.1.2.2.3. *Ammoniumionen*

Ammoniumionen (NH_4^+) haben in ihren Eigenschaften große Ähnlichkeit mit den Alkalimetallionen. Sie gelangen durch industrielle Abwässer, z. B. aus Gaswerken, und durch Verwendung von Düngesalzen in das Wasser. Als primäre Abbauprodukte organischer Stickstoffverbindungen bilden sich Ammoniumionen z. B. aus Harnstoff, dem Endprodukt des Stickstoffwechsels des Menschen und der Säugetiere durch Hydrolyse

$$CO(NH_2)_2 + 2\,H_2O + H^+ \rightleftharpoons 2\,NH_4^+ + HCO_3^- \,.$$

Auch durch Reduktionsprozesse von Nitraten können sich Ammoniumionen bilden.

Gesundheitliche Beeinträchtigungen durch Ammoniumionen sind nicht festgestellt worden, doch ist der Gehalt an Ammoniumionen in hygienischer Hinsicht bedenklich, da die Ursache für ihr Auftreten menschliche oder tierische Exkremente sein können.

Ein hoher Ammoniumionengehalt wirkt korrosionsfördernd. Das ist nicht zuletzt der Grund, warum ein Grenzwert von 0,5 mg/l NH_4^+ im Trinkwasser nicht überschritten werden soll.

4.1.2.3. *Erdalkaliionen*

Von der Gruppe der Erdalkalien sind Magnesium- und Calciumionen die wichtigsten Wasserinhaltsstoffe. Sowohl Beryllium, Strontium, Barium und Radium sind im Wasser von untergeordneter Bedeutung. Die erhöhte industrielle Nutzung der Beryllium-Verbindungen sollte jedoch aufmerksam verfolgt werden, da es über ihre Bedeutung im Wasser bisher noch keine eindeutigen Aussagen gibt.

4.1.2.3.1. Calciumionen

Calciumionen sind in fast allen Gewässern enthalten. Sie werden im allgemeinen durch Kohlensäure aus ihren Carbonaten, z. B. Kalkstein, Marmor, Dolomit, unter Hydrogencarbonatbildung gelöst. Da Calciumionen eine entscheidende Rolle beim Basenhaushalt des Bodens spielen, werden Calciumsalze häufig als Düngemittel und Mittel zur Verbesserung der Bodenstruktur verwendet und können somit zusätzlich in die Gewässer gelangen.

Die Bindung der Seife insbesondere durch Calciumionen zu unlöslicher Kalkseife und die dadurch gestörte Waschwirkung führte zum Begriff der Härte eines Wassers, eine Eigenschaft, die durch gelöste Erdalkalisalze hervorgerufen wird.

Noch immer wird die Härte in den einzelnen Ländern unterschiedlich definiert. Zum Beispiel entspricht 1 °dH (ein Grad deutscher Härte) 10,0 mg/*l* CaO. Zur Zeit wird weltweit das Bestreben deutlich (s. Abschn. 6.1.) einheitliche Dimensionen für physikalische und technische Größen festzusetzen. Es ist abzusehen, daß der in der Praxis übliche Härtebegriff nicht weiter verwendet werden darf. Solange keine endgültige Festsetzung vorliegt, sollte die Angabe in mg/*l* Ca^{2+} an Stelle der Kalkhärte erfolgen.

Je nach Nutzungszweck ist die Konzentration an Calciumionen eines Wassers zu beachten. Zum Beispiel neigen Kesselspeisewässer mit einem gewissen „Härtegrad" zur Abscheidung sogenannten Kesselsteins, eine Erscheinung, die für entsprechende Anlagen einen erhöhten Energiebedarf erfordert und sogar zu Zerstörungen der Kessel führen kann. Andererseits ist bei zu geringer „Wasserhärte" (unter 3 bis 4° dH entsprechend 21,44 mg/*l* Ca^{2+} bis 28,59 mg/*l* Ca^{2+}) die Ausbildung notwendiger Schutzschichten in Trinkwasserrohrleitungen gefährdet. Calcium ist Bestandteil der Knochensubstanz von Mensch und Tier. Bis 800 mg/Tag Ca^{2+} werden vom Menschen benötigt. Gesundheitsschädigende Wirkungen bei hohen Calciumionengehalten sind nicht bekannt. Allerdings treten bei hohen „Wasserhärten" Geschmacksbeeinträchtigungen auf, insbesondere bei Kaffee- und Teegenuß. Als günstig für den Menschen wird eine Calciumkonzentration zwischen ca. 20 bis 60 mg/*l* Ca^{2+} angesehen. Im Trinkwasser sollen 280 mg/*l* Ca^{2+} nicht überschritten werden.

4.1.2.3.2. Magnesiumionen

Als Begleiter des Calciums sind in natürlichen Wässern fast immer Magnesiumsalze im Wasser und der Magnesiumionengehalt ist im allgemeinen niedriger als der Gehalt an Calciumionen, ein Ausdruck der geringeren geochemischen

Häufigkeit des Magnesiums. Das Verhältnis von Ca^{2+} zu Mg^{2+} ist normalerweise 4 bis 5:1.

Infolge des kleineren Ionenradius und der größeren Ladungsdichte im Vergleich zum Calcium und Natrium liegen die Magnesiumionen im Wasser mit einer Hydrathülle vor, so daß die Formel $[Mg(H_2O)_6]^{2+}$ gerechtfertigt ist.

Erhöhte Magnesiumgehalte werden insbesondere durch Abwässer der Kaliindustrie verursacht.

Magnesiumionen verleihen dem Wasser im Zusammenwirken mit Chlorid- und Sulfationen schon bei geringen Konzentrationen (etwa 170 mg/*l* $MgCl_2$) einen bitteren Geschmack, so daß sich der Genuß von Wasser mit hohen Konzentrationen an Magnesiumionen von selbst verbietet. Aus neueren Untersuchungen geht hervor, daß ein Mangel an Magnesiumionen zu Herzrhythmusstörungen führt. Die wünschenswerte Höhe der Magnesium-Zufuhr für den Menschen wird zwischen 300 und 350 mg/Tag angegeben [19].

Als „Härtebildner“ haben Magnesiumsalze analoge Eigenschaften wie die Calciumsalze. Sie müssen deshalb im Zusammenhang gesehen werden, so daß als Konzentrationsmaß die Summe der Calcium- und Magnesiumionen nach wie vor ihre Bedeutung hat.

Als Grenzwert im Trinkwasser wird eine Konzentration von 125 mg/*l* Mg^{2+} angegeben.

4.1.2.4. Schwermetallionen

Zu den Schwermetallen werden alle Metalle, deren Dichte größer als 6,0 g/cm³ ist, gezählt. Schwermetalle zeichnen sich vor allem durch ihre komplexbildenden Eigenschaften mit organischen Molekülen aus, sie spielen somit in biologischen Systemen häufig als Katalysatoren bei Stoffwechselvorgängen eine große Rolle. Im folgenden soll zwischen den im Wasserfach seit langem beachteten Schwermetallen Eisen und Mangan und dem erst in neuer Zeit als bedeutungsvoll erkannten im Wasser auftretenden Spurenmetallen unterschieden werden.

4.1.2.4.1. Eisenionen

Eisen, vierthäufigstes Element der Erdrinde, tritt in natürlichen Wässern als Eisen(II)-ion in Form des hellgrünen Hexaquoeisen(II)-ions $[Fe(H_2O)_6]^{2+}$ auf, sofern keine anderen Komplexbildner vorhanden sind. Bereits in saurer Lösung werden durch molekularen Sauerstoff Eisen(II)-ionen in Eisen(III)-ionen übergeführt

$$2\,Fe^{2+} + 1/2\,O_2 + 2\,H^+ \rightleftharpoons 2\,Fe^{3+} + H_2O\,.$$

In basischer Lösung liegt das Oxydationspotential E_0 günstiger, so daß unter Lufteinfluß gefälltes Eisen(II)-hydroxid sofort in die dreiwertige Form übergeht. In Oberflächengewässern liegen deshalb Eisen(II)-ionen nur in geringen Mengen vor (0,3 mg/*l* Fe^{2+}), da sie dort leicht oxydiert werden und als schwer lösliches Eisen(III)-oxidhydrat ausfallen.

In Grundwässern ist die Situation anders. Das Fehlen gelösten Sauerstoffs und das Einwirken von Kohlensäure, die aus der Zersetzung organischer Stoffe stammen kann, auf eisenhaltige Mineralien, wie Hämatit (Fe_2O_3), Magnetit (Fe_3O_4), Siderit ($FeCO_3$) oder Pyrit (FeS_2), führt zu hohen Eisen(II)-ionenkonzentrationen (1—3 mg/*l* Fe^{2+})

$$FeS_2 + 2\,CO_2 + H_2O \rightleftharpoons Fe(HCO_3)_2 + H_2S + S\,.$$

Extrem hohe Eisenkonzentrationen sind in sauren Grubengewässern (1000 mg/*l* Fe^{2+}) und in Mineralwässern, den sogenannten „Eisensäuerlingen" (10 bis 50 mg/*l* Fe^{2+}) zu finden. Außer in diesen kohlensäurehaltigen und schwefelsauren Wässern können die Eisenionen mit organischen Verbindungen, insbesondere Huminsäuren, Komplexe bilden. Diese Humate, sowohl in echter als auch kolloider Lösung, sind gegenüber Oxydation sehr beständig und erschweren eine Wasseraufbereitung. Eine nicht natürliche Quelle für in Wasser gelöstes Eisen sind Korrosionsvorgänge bei Wasserversorgungsanlagen. In Abwässern ist von den Schwermetallionen Eisen am meisten anzutreffen, vor allem in Beizereiabwässern.

Auf Grund ihrer größeren positiven Ladung hydrolysieren Eisen(III)-ionen im Wasser weitaus stärker als die Eisen(II)-ionen. Beim pH-Wert 0 liegen ca. 9% der Fe(III)-ionen als $[Fe(H_2O)_6]^{3+}$ vor.

Je nach pH-Wert stellen sich folgende Gleichgewichte ein:

$$[Fe(H_2O)_6]^{3+} \rightleftharpoons [Fe(H_2O)_5(OH)]^{2+} + H^+\,,$$

$$[Fe(H_2O)_5(OH)]^{2+} \rightleftharpoons [Fe(H_2O)_4(OH)_2]^{+} + H^+\,.$$

Auch die Bildung von Dimeren, wie $[Fe(H_2O)_4(OH)_2Fe(H_2O)_4]^{4+}$, ist denkbar, die bei weiterer Erhöhung des pH-Wertes in kolloide Gele übergehen und schließlich als amorphes Eisen(III)-hydroxid ausfallen. Da es bisher nicht bewiesen ist, ob sich ein definiertes $Fe(OH)_3$ bildet, sollte als Formel $Fe_2O_3 \cdot nH_2O$ angegeben werden.

Obwohl eisenhaltiges Wasser nicht gesundheitsschädlich ist, ist es im Trink- und Brauchwasser nicht erwünscht. 0,3 mg/*l* Fe^{2+} verursachen bereits Geschmacksbeeinträchtigungen. Ausfallendes Eisen(III)-oxidhydrat führt bei der Wasserversorgung durch Ablagerungen zu Verstopfungen in Rohrleitungen. Diese Störungen werden häufig durch Vermehrung von Eisenbakterien (z. B. *Gallionella*, *Crenothrix*, *Leptothrix*) verstärkt. Die Wirtschaftlichkeit der Trinkwasseraufbereitung ist von dem Eisengehalt des Rohwassers abhängig. 0,5 bis 1,5 mg/*l* Fe^{2+} werden hier als bedenklich angesehen.

Für zentrale Trinkwasserversorgungsanlagen soll das abgegebene Wasser eine Konzentration von 0,1 mg/*l* Fe^{2+} nicht überschreiten.

4.1.2.4.2. Manganionen

Neben dem Eisen ist das Mangan das am meisten verbreitete Schwermetall. Beide Metalle sind in ihren Verbindungen häufig nebeneinander anzutreffen. Das bezieht sich im Wasser vor allem auf die zweiwertigen Eisen- und Manganionen, die oft geologischen Ursprungs sind.

Gesundheitsschädigende Wirkungen bei Menschen sind nicht bekannt, allerdings bewirken Manganionen eine geschmackliche Verschlechterung des Wassers. Mangan hat eine wichtige Aufgabe bei Wachstumsprozessen, wobei es katalytisch wirkt. Bei Konzentrationen über 50 mg/*l* Mn^{2+} wurde eine toxische Wirkung bei Fischen und Kleinlebewesen festgestellt.

Bereits geringe Mangankonzentrationen im Wasser wirken sich störend auf die Wasserversorgung aus, da sie weniger leicht oxydierbar sind als Eisenionen und ihre Entfernung dadurch größere Schwierigkeiten bereitet.

Sauerstoffhaltiges Wasser kann bei geeigneten pH-Werten Mangan(II)-ionen zum schwerlöslichen Mangandioxid — MnO_2 — oxydieren, das dunkelbraune Ablagerungen in den Rohrleitungen hervorruft, die das Wachstum von Manganbakterien fördern und damit Rohrverengungen und -verstopfungen hervorrufen können. Auch aus diesem Grund soll ein Trinkwasser nicht mehr als 0,05 mg/*l* Mn^{2+} enthalten.

4.1.2.4.3. Spurenmetallionen

Die Bezeichnung Spurenmetalle wird auf Metalle angewendet, die in ihrer Häufigkeit in der Erdkruste unter 0,1 % liegen. Das sind fast alle Metalle außer den Elementen Silicium (27,72 %), Aluminium (8,1 %), Eisen (5,0 %), Calcium (3,63 %), Natrium (2,83 %), Kalium (2,59 %), Magnesium (2,09 %), Titan (0,44 %) und Mangan (0,1 %). Spurenmetallionen sind in natürlichen Wässern nur in äußerst geringen Konzentrationen (unter 0,1 mg/*l*) anzutreffen, deshalb wurde ihnen noch vor einem Jahrzehnt wenig Bedeutung zugemessen. Die verschiedensten Einflüsse, besonders die menschliche Tätigkeit, haben in Oberflächengewässern in den vergangenen 50 Jahren die Schwermetallionenkonzentrationen ansteigen lassen.

Neben geologisch bedingten Schwermetallionengehalten sind wichtige Quellen für deren Erhöhung die Metallgewinnung aus Erzen, die Metallverarbeitung, Metallveredlung und die Verwendung metallhaltiger Produkte. Große Bedeutung haben Sickerwässer von Abraumhalden, Abwässer von Galvanisierbetrieben,

Industriebetrieben der Chemie, Kunstseiden- und Lederfabriken, sowie Metallzusätzen in Benzinen, Spezialölen und bei der Gummi- und PVC-Herstellung. In Gewässer-Sedimenten absorbierte und anderweitig gebundene Metalle können nach Jahren durch veränderte Wasserverhältnisse remobilisiert und gelöst werden.

Wasserverunreinigungen durch Metalle gehören zu den gefährlichsten Wasserverschmutzungen. Dafür sprechen zwei Gründe:

1. Metallverunreinigungen sind nicht abbaubar.
2. Anreicherung und Speicherung von Metallen erfolgen in anorganischen und organischen Substanzen, so daß sie über die biologische Kette bis in den menschlichen Körper gelangen und dort akute oder chronische Schädigungen auslösen können.

Wie so oft in der Natur, ist die Wirkung eines Stoffes, hier speziell der Schwermetallionen, konzentrationsabhängig. Der Notwendigkeit geringer Konzentrationen an Schwermetallionen zur Aufrechterhaltung eines gesunden Lebens, d. h. für einen geordneten Ablauf bestimmter biochemischer Prozesse, steht die toxische Wirkung gegenüber. Die exakte Feststellung der Wirkung verschiedener Spurenmetallionen ist kompliziert, da spezifische Symptome oft nur schwer zu erkennen sind. Für jeden Organismus und für jede Funktion gibt es einen bestimmten Konzentrationsbereich, in dem diese Spurenelemente optimal wirken. Obwohl dieser nicht immer bekannt ist, kann allgemein die Aussage getroffen werden, daß die Schadenswirkung umso größer ist, je niedriger und begrenzter der genannte Konzentrationsbereich ist und je stärker die Schwermetallanreicherung ist.

Schwermetallionen haben vielfach eine ausgesprochene Langzeitwirkung und verursachen dann meist chronische Vergiftungserscheinungen. Diese werden oft erst bei Schädigung großer Bevölkerungsteile innerhalb eines Gebietes sichtbar, wie das z. B. in Japan bei Quecksilber- und Cadmiumvergiftungen der Fall war. Bei der Überlagerung der Schadwirkungen bei Vorhandensein mehrerer verschiedener Spurenmetallionen besteht noch oft Unklarheit. So ist z. B. nicht in jedem Fall geklärt, ob ein Element allein oder nur bei Vorhandensein anderer Elemente Schadwirkungen ausübt.

Einige als besonders wichtig erkannte Spurenmetallionen im Wasser werden im folgenden kurz charakterisiert.

Weiterführende Literatur siehe [20, 20a].

4.1.2.4.3.1. Quecksilberionen

Quecksilber nimmt unter den Schwermetallen eine Sonderstellung ein, da es unter Normalbedingungen flüssig ist. Seine Verbindungen kommen in natürlichen Wässern nur in sehr geringen Konzentrationen vor, ca. 0,06 µg/*l*. Grund dafür ist die Schwerlöslichkeit vieler Quecksilberverbindungen und ihr geologisch begrenztes Vorkommen.

Durch die Tätigkeit des Menschen in das Wasser gelangende Quecksilberverunreinigungen fallen vor allen Dingen bei der Herstellung von Natronlauge nach dem Amalgamverfahren, bei der PVC-und Papierproduktion und bei der Verwendung quecksilberhaltiger Fungizide an. Obwohl die Giftwirkung des Quecksilbers und seiner Verbindungen von Alters her bekannt ist, wurde die Menschheit erst durch das Auftreten der sogenannten „Minimata-Krankheit" auf die Tragweite der Vergiftungsproblematik durch dieses Spurenmetall über das Wasser aufmerksam. Diese hier unbekannte Krankheit, die sich durch schwere Schädigungen des Nervensystems bemerkbar machte, trat in den Jahren 1953 bis 1956 in Minimata (Japan), hauptsächlich bei Fischern und deren Angehörigen auf und endete für mehrere Menschen mit dem Tod. Ursache waren die Abwässer von Kunststoff-Fabriken, die in die Minimata-Bucht gelangten und die Fischgründe verseuchten; sie enthielten insbesondere organische Quecksilberverbindungen, darunter das Methylquecksilber.

Quecksilber kann als Metall, als anorganische und organische Verbindungen im Wasser auftreten und zeigt deshalb eine differenzierte Toxizität. Als besonders toxisch haben sich das Methyl- und Dimethylquecksilber erwiesen, Verbindungen, die durch Mikroorganismen aus anorganischen und organischen Verbindungen, wie Phenylquecksilber, gebildet werden können. Träger dieser Reaktionen sind methanbildende Bakterien.

Quecksilberverbindungen sind akute Gifte und besonders gefährlich, da sie kumulativ wirken, d. h. geringste Mengen sich im Organismus der Lebewesen anreichern und speichern. Einmal in der biologischen Nahrungskette, über Algen, Plankton, Schalentiere, Fische und Vögel aufgenommen, kann Quecksilber nur sehr langsam entfernt werden und gefährdet somit den Menschen über eine längere Zeit. Nach Beendigung der Quecksilberzufuhr soll es etwa ein Jahr dauern, bis 99% des aufgenommenen Quecksilbers wieder abgegeben sind.

Eine weitere Gefahr bilden die Quecksilberanreicherungen in den Gewässersedimenten, da bei weiterer Verschlechterung des biologisch-chemischen Gewässerzustandes mit einer Remobilisierung gerechnet werden muß.

Für Trinkwasser sollte ein Grenzwert von 0,005 mg/*l* Hg gelten, wie das bereits in der UdSSR der Fall ist.

4.1.2.4.3.2. Cadmiumionen

Cadmiumverbindungen sind Begleiter des Zinks und deshalb häufig in Zinkerzen zu finden. In das Wasser gelangen Cadmiumionen vor allen Dingen durch Abwasser der eisenveredelnden Industrie, aus Zinkhütten, Galvanisierbetrieben,

Beizereien und durch die Cadmiumbelastung der Atmosphäre. Letztere stammt vorwiegend aus der Schrottverwertung und von Hüttenprozessen.

Die toxische Wirkung des Cadmiums und seiner Verbindungen ist bekannt. Vergiftungserscheinungen wurden besonders in der metallverarbeitenden Industrie durch Einatmen von Cadmiumdämpfen registriert. Daß auch über das Wasser akute und chronische Vergiftungen ausgelöst wurden, wurde erst erkannt, als die in Japan auftretende Itai-Itai-Krankheit mit den hohen Cadmium-Konzentrationen des Jintsu-Flusses in Zusammenhang gebracht werden konnte. Ursache war ein stillgelegtes Zinkbergwerk, dessen Abraumhalden durch Wasser ausgelaugt wurden. Die Itai-Itai-Krankheit beginnt häufig mit einer Störung der Nierentätigkeit. Damit verbunden ist eine Demineralisierung der Knochen, die zu äußerst schmerzhaften Skelettschrumpfungen führt. Die fortschreitende Zerstörung des Knochenmarks läßt die Krankheit tödlich verlaufen. Eine Cadmiumvergiftung ist äußerst heimtückisch, da die Inkubationszeit 5 bis 10, manchmal bis 30 Jahre beträgt.

Im Gegensatz zum Quecksilber werden durch Mikroorganismen keine meßbaren Mengen an Cadmiumalkylen produziert, so daß von dieser Seite eine verstärkte Gefährdung ausgeschlossen werden kann. An Fischen konnte getestet werden, daß durch Zinkionen eine Addition, durch Kupferionen eine vielfache Verstärkung der Giftwirkung auftritt [21].

Als Grenzwert für Cadmiumionen im Trinkwasser werden 0,01 mg/*l* gefordert.

4.1.2.4.3.3. Bleiionen

Die Konzentration von Bleiionen beträgt in natürlichen Wässern unter 0,005 mg/*l*. Die früher oft verwendeten Bleirohre können die Ursache höherer Bleikonzentrationen im Wasser sein. Das ist der Fall, wenn es sich um weiches, kohlensäurereiches, überhaupt um saures Wasser handelt.

Eine weitere nicht zu unterschätzende Gefahrenquelle stellt die Verwendung von organischen Bleiverbindungen, insbesondere Bleitetraethyl als Antiklopfmittel in Treibstoffen, dar. Über die Luftverschmutzung gelangen diese Bleiverbindungen in das Wasser.

Bleiverbindungen haben eine starke Giftwirkung. Bereits geringe Mengen von Bleiionen im Trinkwasser können bei jahrelangem Genuß zu einer chronischen Bleivergiftung führen, da das Blei in verschiedenen Körperorganen angereichert wird. Die organischen Bleiverbindungen zeichnen sich durch eine besondere Gefährlichkeit aus. Arsen verstärkt die Giftwirkung des Bleis.

Das Erkennen von Bleivergiftungen, insbesondere bei Langzeitwirkungen, ist schwierig, da die auftretenden Krankheitssymptome oft unspezifisch sind.

Der Grenzwert im Trinkwasser wird mit 0,05 mg/*l* Pb^{2+} angegeben.

4.1.2.4.3.4. Kupferionen

Über die in natürlichen Wässern enthaltenen Spurenkonzentrationen hinausgehenden Gehalte an Kupferionen werden hauptsächlich durch Abwässer der Beizereien und Galvanisierbetriebe verursacht. Auch spielt die Korrosion kupferhaltiger Rohrleitungen und Armaturen eine Rolle.

Kupfer gehört zu den lebensnotwendigen Spurenelementen, es gewährleistet die Katalyse wichtiger Lebensvorgänge.

Der Mensch benötigt täglich 2 bis 3 mg/Cu^{2+}, die ihm im allgemeinen durch die Nahrung zugeführt werden. Im Gegensatz zu anderen Schwermetallen wird das Kupfer nicht in Körperorganen gespeichert und verläßt verhältnismäßig schnell den Körper. Nach ENGST [22] ist das Zink—Kupfer-Verhältnis bedeutungsvoll in bezug auf Herz-Kreislauf-Erkrankungen beim Menschen. Ist dieses Verhältnis zu hoch, so scheint dadurch ein negativer Einfluß ausgeübt zu werden, der u. a. zu einem erhöhten Cholesterinspiegel führt. Letzterer bedingt bekanntlich die Arteriosklerose.

Kupfervergiftungen beim Menschen sind selten. Grund dafür ist sicherlich der unangenehme Geschmack eines kupferhaltigen Wassers. Bereits ab 2 mg/*l* Cu^{2+} ist ein metallischer und bitterer Geschmack feststellbar.

Dagegen gehört Kupfer zu den starken Fischgiften. Interessant ist die beobachtete Summation der Giftwirkung in Gegenwart von Zink und Cadmium, sowie Ammoniumsalzen.

Außerdem ist Kupfer hochgradig toxisch für Algen und Pilze. Kupfersulfat wird deshalb in Seen zur Algenbekämpfung verwendet, wobei Konzentrationen zwischen 0,1 und 0,5 mg/*l* Cu^{2+} eingesetzt werden.

Ab 0,5 mg/*l* Cu^{2+} können die biologische Abwasserreinigung stören und den biologischen Abbau hemmen.

Kupferionen können in Eisenrohren Korrosionen durch Lokalelementbildung hervorrufen.

0,05 mg/*l* Kupferionen sollen im Trinkwasser nicht überschritten werden. Ausschlaggebend für diese Festlegung ist die erwähnte Korrosionsgefahr.

4.1.2.4.3.5. Zinkionen

Zinkionen im Wasser beruhen fast ausschließlich auf der menschlichen Tätigkeit. Unbelastete natürliche Wässer weisen Konzentrationen von etwa 10 µg/*l* Zn^{2+} auf. Höhere Gehalte können aus verzinkten Rohrleitungen stammen, verursacht durch Kohlensäure im Wasser und erhöhte Chlorid- und Sulfatkonzentrationen. Auch nitrathaltiges Wasser führt zur Zinkauflösung. Industrielle Abwässer, z. B. aus Beizereien, Galvanisierbetrieben und Zinkbergwerken, sind weitere Quellen höherer Zinkionenkonzentrationen.

Zink zählt zu den lebenswichtigen Spurenmetallen für den Menschen; sein Fehlen macht sich insbesondere durch Wachstumsstörungen bemerkbar. Ca. 10 bis 15 mg Zinkionen werden pro Tag mit der Nahrung von einem Menschen aufgenommen, eine Menge, die den Bedarf vollständig deckt.

Zinkionen beeinflussen bereits von 10 bis 20 mg/*l* den Geschmack eines Wassers unangenehm und schmecken bei höheren Gehalten ausnehmend abstoßend und adstringierend, so daß schon aus diesem Grund Zinkvergiftungen über Wasser kaum vorkommen. Trotzdem ist bei höheren Zinkionengehalten eine Giftwirkung bei Menschen nicht auszuschließen. Für Fische ist eine toxische Wirkung durch Zinkionen erheblich, auch einige Algenarten werden geschädigt.

Im Trinkwasser werden Zinkionengehalte bis 5 mg/*l* für unbedenklich gehalten.

4.1.2.5. Weitere Spurenelementionen

Eine Reihe bisher nicht genannter Spurenelemente, die im Wasser auftreten können, soll nicht unerwähnt bleiben, ohne damit den Anspruch auf Vollständigkeit erheben zu wollen, da die Untersuchungen hier z. Z. noch nicht abgeschlossen sind.

Außer auf Grund ihres geologischen Vorkommens in begrenzten Gebieten gelangen die meisten der noch nicht genannten Elemente bei ihrer Gewinnung, Verarbeitung und Verwendung in das Wasser. Die Quellen solcher Verunreinigungen sind häufig nicht ordnungsgemäß gereinigte Abwässer aus Hüttenbetrieben, Metallbeizereien und Galvanikbetrieben. Grundsätzlich sind Spurenelemente in der Lage, in bestimmten Konzentrationsbereichen mikrobielle Enzyme zu blockieren, so daß der oxydative Abbau organischer Wasserinhaltsstoffe, also die Selbstreinigung eines Gewässers, beeinträchtigt wird. Dabei spielt das pH-Milieu oft eine wichtige Rolle.

Als äußerst gefährlich für die menschliche Gesundheit haben sich Arsen, Chrom und Nickel erwiesen.

Arsen ist ein bekanntes Zellgift, das im Körper kumuliert. Insbesondere das traditionsreiche „Arsenik" (Arsen(III)-oxid) hat seit Alters her bei Vergiftungen einen traurigen Ruhm erlangt. Für Trinkwasser wird ein Grenzwert von 0,05 mg/*l* As gefordert.

Sechswertige Chromverbindungen (Chromate) wirken als Enzymgifte, ihre Toxizität ist weit größer als die des 3-wertigen Chroms. Leber- und Nierenschädigungen, bedingt durch die Aufnahme von Chrom durch den menschlichen Körper, wurden registriert. Bei der Giftwirkung von Chromaten auf Fische besteht ein Zusammenhang mit der Härte des Wassers. Auch Algenwachstum wird bereits durch geringe Konzentrationen (0,03 mg/*l*) [21] gehemmt. 0,05 mg/*l* Cr^{6+} sollen im Trinkwasser nicht überschritten werden.

Toxische Wirkungen auf Fische zeigen Nickelverbindungen. Dabei bestehen Zusammenhänge mit den außerdem im Wasser anwesenden Cobalt- und Zinksalzen. Allerdings ist Nickel als Luftverunreinigung in Form des Nickeltetracarbonyls am gefährlichsten für die menschliche Gesundheit einzuschätzen, da diese Verbindung cancerogen ist.

Andere Spurenelemente, die durch das Wasser aufgenommen werden, haben z. T. große Bedeutung bei dem Ablauf von Lebensvorgängen, sind jedoch in ihrer Wirkung nur unvollständig erforscht, so vor allem das bereits erwähnte Zusammenwirken mehrerer Elemente. Cobalt zählt z. B. zu den lebenswichtigsten Spurenmetallen, erst Gehalte von 100 mg/*l* Co^{2+} im Trinkwasser sollen gesundheitsschädigend sein. Auch Elemente wie Molybdän und Vanadin wurden als wichtige Spurenelemente bei Lebensvorgängen erkannt. Giftwirkungen dieser Elemente auf den Menschen sind unbekannt. ENGST [22] weist u. a. darauf hin, daß neben Calcium hauptsächlich Vanadin, Chrom und Mangan den Cholesterinspiegel im Blut und in Organen verändern können.

4.1.2.6. Radioaktive Kationen

In natürlichen Wässern ist vor allem das radioaktive Isotop Kalium-40 zu finden; es ist geologischer Herkunft und zu 0,012% im Gesamtkalium enthalten. Andere natürliche radioaktive Elemente sind Radium-226, Thorium-232 und Uran-238, doch sind sie im Wasser von untergeordneter Bedeutung. Eine weitere Ursache für das Vorkommen radioaktiver Kationen im Wasser liegt in der steigenden Anwendung dieser Stoffe in Wissenschaft und Technik. Die Gewinnung von Atomenergie und die Herstellung radioaktiver Stoffe für Forschung und Industrie können Grund für eine Wasserverseuchung sein. Als außergewöhnlich gefährlich haben sich Atomexplosionen erwiesen, deren radioaktiver Fallout zu schwerwiegender Kontaminierung der Gewässer führt. Als langlebig und äußerst gesundheitsschädigend sind die Isotopen Strontium-90, Caesium-137, Cer-144 und Ruthenium-106 erkannt worden.

Ohne auf die Wirkung der einzelnen Strahlenarten dieser Isotope eingehen zu können, ist eine starke Schädigung dann zu erwarten, wenn eine Anreicherung bzw. Speicherung dieser Stoffe in bestimmten Körperorganen erfolgt. Zum Beispiel kann das Calcium der Knochensubstanz durch Strontium-90 ausgetauscht werden, wodurch u. a. die Neubildung roter Blutkörperchen im Knochenmark geschädigt wird.

Besondere Gefahr löst die radioaktive Strahlung auch bei geringen Dosen über einen längeren Zeitraum durch mutagene Veränderungen im Erbgut aus. Aus diesem Grund wird für die Berechnung der maximalen zulässigen Konzentration (*MZK*) eines radioaktiven Kations im Trinkwasser ein Genuß von täglich

2,2 *l* Wasser über einen Zeitraum von 80 Jahren angenommen. α-Strahlen sollen 1 pCi/*l* (1 pico-Curie ≙ 10^{-12} Curie ≙ 0,037 Bq; Bq = Becquerel), β-Strahlen 10 pCi/*l* = 0,37 Bq/*l* nicht überschreiten.

4.1.3. Anionen

4.1.3.1. Chloridionen

Chloridionen kommen in allen natürlichen Wässern vor. Ihre große Verbreitung ist auf die gute Löslichkeit, insbesondere der Alkali- und Erdalkalichloride, zurückzuführen, so daß ein hoher Chloridgehalt durch Salzlagerstätten bedingt sein kann. Andererseits kann der Chloridionengehalt eines Wassers durch häusliche und industrielle Abwässer stark erhöht werden. Ein solches Wasser enthält dann 30 bis 100 mg/*l* Cl^-, bei größeren Verunreinigungen bis zu mehreren Hundert mg/*l*. Chloridionen erleiden normalerweise im Wasser keine Veränderungen. Gesundheitlich sind sie unbedenklich, wenn von einer dauernden extremen Chloridaufnahme in Größenordnungen von 1000 mg/*l* abgesehen wird.

Bei 250 mg/*l* Cl^- liegt die Geschmacksgrenze, allerdings haben Kationen, wie Natrium-, Calcium- und Magnesiumionen, einen verschiedenen Einfluß auf die Art und Intensität des Geschmackes.

Hohe Chloridgehalte im Wasser wirken sich nachteilig auf Bauteile aus Beton, Mörtel und Eisen aus. Besonders weiche chloridhaltige Wässer führen zu größeren Zerstörungen.

Der Grenzwert wird mit 350 mg/*l* Cl^- angegeben.

4.1.3.2. Sulfationen

Sulfationen sind fast in allen Gewässern zu finden. Geologisch bedingte Gehalte sind meist auf die Löslichkeit von Gips zurückzuführen.

Sulfationen sind oft Endprodukte einer biologisch gesteuerten Oxydation schwefelhaltiger organischer Stoffe. Erhöhte Gehalte an Sulfationen werden auch durch industrielle Abwässer verursacht.

Sulfationenkonzentrationen von 1000 bis 2000 mg/*l* haben eine abführende Wirkung, geringere Mengen ab 200 mg/*l* SO_4^{2-} können zu Magen- und Darmstörungen führen. Geschmackliche Beeinträchtigungen erfolgen etwa bei 200 mg/*l* SO_4^{2-}. Dabei spielen die im Wasser enthaltenen Kationen eine wesentliche Rolle, insbesondere Magnesiumionen.

Gehalte über 300 mg/*l* SO_4^{2-} sind u. a. in der Lage, Schädigungen an Betonbauwerken hervorzurufen. Hierbei sind Faktoren, wie Dichtigkeit des Betons,

Intensität der Einwirkung durch ruhendes oder strömendes Wasser und die Temperatur von wesentlicher Bedeutung.

250 mg/l SO_4^{2-} sollten als Grenzwert eingehalten werden, ein gutes Trinkwasser sollte jedoch einen Gehalt unter 60 mg/l SO_4^{2-} aufweisen.

4.1.3.3. Hydrogencarbonationen

Hydrogencarbonationen, HCO_3^-, sind in fast allen natürlichen Wässern enthalten. Sie entstehen u. a. durch Reaktion von Carbonatgesteinen mit dem im Wasser gelösten Kohlendioxid, z. B.

$$CaCO_3 + CO_2 + H_2O \rightleftharpoons Ca^{2+} + 2\,HCO_3^- .$$

Von besonderer Bedeutung für das biologische Leben im Wasser sind Puffereigenschaften von Kohlensäure-Calciumhydrogencarbonat-Gemischen (s. Abschn. 3.1.). Bei pH-Werten zwischen 7 und 10 liegen fast nur Hydrogencarbonationen vor. In Abhängigkeit vom pH-Wert dissoziieren diese unter Carbonatbildung:

$$HCO_3^- \rightleftharpoons CO_3^{2-} + H^+ .$$

Das ist vor allem bei pH-Werten über 11 der Fall und kann der Anlaß für Rückbildung des im Wasser unlöslichen Calciumcarbonats, $CaCO_3$, sein, das in der Wasserversorgung durch Ablagerungen in Rohrleitungen zu Schwierigkeiten führt.

Grenzwerte für die Konzentration von Hydrogencarbonationen im Trinkwasser sind nicht bekannt, wesentlich ist das Bestehen des Kalk-Kohlensäure-Gleichgewichtes.

4.1.3.4. Nitrationen

Nitrationengehalte in natürlichen Wässern lassen sich nur in besonderen Fällen auf geologische Quellen zurückführen. Als höchste Oxydationsstufe des Stickstoffs geben Nitrationen einen Hinweis auf fäkale Verschmutzungen, da sie beim aeroben Abbau organischer Stickstoffverbindungen, z. B. Eiweißen, entstehen.

Die Anwendung von Düngemitteln führt häufig zu erhöhten Konzentrationen an Nitrationen, eine Tatsache, die einmal im Hinblick auf eine Eutrophierung (siehe auch unter Hydrogenphosphationen) stehender Gewässer große Bedeutung erlangt hat, zum anderen bei der Nutzung der Gewässer und von Grundwasser zur Trinkwassergewinnung Probleme aufwirft.

Sofern die Herkunft der Nitrationen keine hygienisch bedenkliche Ursache haben, gelten sie für gesundheitsunschädlich, da ihre Eigentoxizität in nichtreduzierendem Milieu als gering eingestuft wird.

Allerdings wurde festgestellt, daß bei Säuglingen aufgetretene Methämoglobinämie auf Nitrationen zurückzuführen ist. Voraussetzung sind nitratreduzierende Bakterien, die dann zu erwarten sind, wenn der pH-Wert des Magen-Darm-Traktes mindestens bei 4 und höher liegt und nicht wie normalerweise zwischen 1,5 und 2. Dieser Fall kann bei Verdauungsstörungen eintreten, wie sie bei Säuglingen in den ersten 3 bis 4 Monaten auftreten.

Als Grenzwert in der DDR ist für Trinkwasser ein Nitratgehalt von 40 mg/*l* festgelegt.

Weiterführende Literatur siehe [23].

4.1.3.5. Nitritionen

Nitritionen sind als Zwischenprodukte anzusehen, die bei aeroben Verhältnissen im Wasser bei der Oxydation von Ammoniumionen und organischen Stickstoffverbindungen entstehen können. Im anaeroben Milieu werden Nitrationen oft zu Nitritionen reduziert. Das Vorhandensein von Nitritionen muß deshalb immer im Zusammenhang mit anderen Stickstoffverbindungen gesehen werden. Seit einiger Zeit ist bekannt, daß Nitritionen mit sekundären, tertiären und quartären Aminen oder Alkylamiden und Alkylcarbamaten unter Bildung entsprechender Nitrosamine und Nitrosamide reagieren können. Solche Amine sind in Abwässern der chemischen Industrie enthalten, auch existieren Pesticide und Pharmaka mit Aminostrukturen. N-Nitrosoverbindungen haben eine krebserregende Wirkung und stellen somit eine ernste Gefahr für die menschliche Gesundheit dar. Eine Gefährdung des Menschens unmittelbar über das Wasser ist jedoch umstritten, da nach bisherigen Erkenntnissen diese Verbindungen z. T. sonnenlichtempfindlich und im Wasser wenig stabil sind [24].

Im Trinkwasser sollen Nitrionen mit den üblichen Analysenverfahren nicht nachweisbar sein.

4.1.3.6. Hydrogenphosphationen

Neben organisch gebundenem Phosphor treten im Wasser hauptsächlich Hydrogenphosphationen auf. Da sie häufig schwerlösliche Verbindungen bilden, kommen sie in natürlichen Wässern in Konzentrationen unter 0,1 mg/*l* vor. Ein erhöhter Gehalt an Hydrogenphosphationen weist auf fäkalische Verunreinigungen hin, Quellen dafür sind Abläufe aus Haushalten und der Landwirtschaft. (Ein Mensch scheidet z. B. pro Tag ca. 4,5 g Phosphat aus.) Auch Waschmittel und Düngemittel führen zu erhöhten Hydrogenphosphatgehalten.

Phosphor stellt meist den Minimumstoff für die Algenentwicklung in Seen und Talsperren dar, der die Produktivität des Gewässers begrenzt. Als Grenzkonzentration, unterhalb derer der Phosphor wachstumsbegrenzend wirkt, wird 0,01 mg/*l* P [25] angegeben. Erschwerend für eine solche Angabe ist das Vermögen vieler Algen, Phosphor bis zum 30-fachen ihres Bedarfes zu speichern und wieder abzugeben.

Schon geringe Konzentrationsanstiege an Phosphor können eine Eutrophierung auslösen, d. h. als Folge des größeren Nährstoffangebotes zu einer Verstärkung des Wachstums der Wasserpflanzen, besonders der Planktonalgen führen. Diese als „Wasserblüten" bezeichnete Massenvermehrung von Algen führt einerseits zur Erhöhung der Produktion an tierischem Plankton und Fischen, zum anderen zu einer Abnahme des Sauerstoffgehaltes in tieferen Schichten der stehenden Gewässer. Ursache ist das Absinken abgestorbener Algen und deren bakterielle Zersetzung unter Sauerstoffverbrauch. Die damit verbundene Ausbildung anaerober Verhältnisse kann z. B. zur Freisetzung von Schwefelwasserstoff führen und somit starke Geruchsbelästigungen mit eventueller Vergiftungsgefahr hervorrufen. Um der immer mehr um sich greifenden Eutrophierung Einhalt zu gebieten, wird versucht mittels Phosphatfällung eine Eliminierung des Phosphats vorzunehmen. Voraussetzung einer solchen Maßnahme ist eine Eliminierung, die niedrigste Restgehalte an Phosphat garantiert.

Gesundheitsschädlich sind Hydrogenphosphationen nicht, sofern ein Gehalt von 9,5 mg/*l* HPO_4^{2-} nicht überschritten wird. Trinkwässer, die zur Bildung einer Schutzschicht phosphatiert (mit Phosphaten versetzt) werden und solche, deren Phosphatgehalt geologisch bedingt ist, dürfen bis zu 7,0 mg/*l* HPO_4^{2-} enthalten.

4.1.3.7. Fluoridionen

Fluoridionen im Wasser können geologischen Ursprungs sein; sie gelangen aber auch durch industrielle Abwässer und durch Anwendung fluorhaltiger Pflanzenschutzmittel in die Gewässer. Die Wirkung der Fluoridionen auf die Gesundheit des Menschen ist konzentrationsabhängig. Geringe Mengen von 1,5 bis 1,8 mg/Tag an Fluoridionen werden vom Menschen zum Aufbau seines Skeletts und zur Verhütung der Zahncaries benötigt [26]. Höhere Fluoridionengehalte lösen Fluoroseerscheinungen aus, die sich vor allem im ersten Lebensjahrzehnt eines Menschen durch mangelhafte Zahnverkalkung bemerkbar macht, d. h. zu schadhaften Zahnschmelz führt.

Zur Verminderung der Carieserkrankungen sind verschiedene Länder dazu übergegangen Trinkwasser zu fluoridieren. In der DDR wird seit 1959 Karl-Marx-Stadt mit Trinkwasser versorgt, das eine Fluoridionenkonzentration von 1,0 mg/*l* F^-

enthält. Die positiven Ergebnisse dieser Maßnahme sind Anlaß, weitere Städte mit fluoridiertem Wasser zu versorgen. Die geringe Spanne zwischen der erwünschten Wirkung bei 1 mg/*l* F^- und der schon bei ca. 2 mg/*l* beginnenden Schadwirkung wird häufig als Hauptargument gegen eine allgemeine Wasserfluoridierung angeführt. Besondere Beachtung bei einer Grenzwertfestlegung müssen deshalb die klimatischen Bedingungen und die damit verbundenen Eßgewohnheiten erfahren (s. a. Kap. 6.). Zum Beispiel emphielt die WHO [27] bei einem Jahresmittelwert der maximalen täglichen Lufttemperaturen von 10° bis 12 °C einen Grenzwert von 1,2 mg/*l* F^-, bei Temperaturen von 26° bis 32 °C nur 0,7 mg/*l* F^-.

Als Grenzwert für Trinkwasser werden in der DDR 1,3 mg/*l* F^- gefordert.

4.1.3.8. Silicationen, Kieselsäure

Kieselsäure, H_2SiO_3, H_2SiO_5, ist eine schwache Säure, deren Löslichkeit im Wasser, wenn sie in kondensierter Form vorliegt, gering ist. Von den Salzen sind die Alkalisalze im Wasser gut löslich. Durch Verwitterung der Gesteine gelangt Kieselsäure in das Wasser, weiterhin durch Silicatzusätze für den Korrosionsschutz von Rohrleitungen.

Zu erwähnen ist die Neigung der Kieselsäure, kolloide Lösungen zu bilden, die meist sehr beständig sind.

Gesundheitliche Schädigungen durch Kieselsäure sind nur bei Menschen mit empfindlicher Haut durch Hautreizungen [28] bekannt geworden.

Auf Grund der Bildung von festem Silicatkesselstein ist Kieselsäure in Kesselspeisewasser unerwünscht.

Für Trinkwasser sind keine Grenzwerte angegeben.

4.1.3.9. Cyanidionen

Cyanidionen gelangen ausschließlich durch die menschliche Tätigkeit in das Wasser. Durch nicht ordnungsgemäße Abwasserbehandlung in Galvanisierbetrieben kommen hauptsächlich komplexe Cyanide in die Gewässer. Eine weitere Quelle sind Kokereiabwässer und Edelmetallerzlaugereien.

Cyanide können im Wasser in Form der schwachen Cyanwasserstoffsäure (HCN), als Cyanidionen (CN^-) und als komplexe Cyanide unterschiedlicher Stabilität vorkommen. Zu den schwer zersetzlichen Komplexen gehören das sogenannte rote Blutlaugensalz, $[Fe(CN)_6]^{3-}$, und das gelbe Blutlaugensalz, $[Fe(CN)_6]^{4-}$.

Cyanidionen bzw. die daraus sich bildende Cyanwasserstoffsäure (Blausäure) sind starke Fermentgifte. Bereits eine Dosis von 1 mg HCN/kg Körpergewicht wirkt tödlich. Komplexe Cyanide haben eine geringere Giftwirkung als freie Cyanidionen. Das ändert sich sofort, wenn diese Komplexe zerfallen.

Der Grenzwert im Trinkwasser ist auf 0,01 mg/*l* CN^- festgelegt.

4.1.3.10. Selenitionen

Selen als Folgeelement des Schwefels in der 6. Hauptgruppe des *PSE* zählt zu den selteneren Elementen. Es ist Begleitelement des Schwefels und deshalb häufig Nebenbestandteil in Schwermetallsulfiden und Kohlen. Im Wasser liegt Selen vorwiegend als SeO_3^{2-}, Selenition, weniger als Selenation vor, da im Gegensatz zu den entsprechenden Schwefelionen das Selenition das beständigere ist und Selenationen auf Grund ihres starken Oxydationsvermögens leicht zu Selenitionen reduziert werden. Auf Grund bisheriger Untersuchungen [29] wurden Selenverbindungen in Oberflächenwässern ausschließlich in sehr geringen Konzentrationen gefunden (ca. 6 µg/*l* Se).

Über die Toxizitätsgefahr durch Selenverbindungen im Wasser bestehen widersprüchliche Ansichten [30]. Einerseits wird dem Selen als lebenswichtiges Spurenelement eine funktionsfördernde Wirkung zugeschrieben — z. B. wurden Abhängigkeiten zwischen erhöhten Selengehalten und geringerer Häufigkeit von Herzkrankheiten, die auf hohem Blutdruck beruhen, festgestellt — andererseits ist eine toxische Wirkung unverkennbar. Das ist der Grund, warum der Grenzwert für Trinkwasser mit 0,01 mg/*l* Se angegeben wird.

4.2. Organische Wasserinhaltsstoffe

Zu den organischen Wasserinhaltsstoffen gehören im weitesten Sinne sowohl lebende Organismen aus dem Pflanzen- und Tierreich, wie z. B. Fische, Bakterien, Plankton und Algen, als auch unbelebte Stoffe in den verschiedenen Dispersionsgraden. Für die Güte eines Wassers sind aus Sicht der Hydrochemie die unbelebten organischen Stoffe von entscheidender Bedeutung. Sie können natürlichen Ursprungs sein bzw. durch menschliche Tätigkeit in das Wasser gelangen. Organische Verunreinigungen können durch Tausende von Einzelverbindungen hervorgerufen werden. Ihnen allen gemeinsam ist ein Kohlenstoffgerüst. Neben dem Kohlenstoff als Grundelement sind vorwiegend Wasser- und Sauerstoff, aber auch Stickstoff, Schwefel, Phosphor und Chlor in diesen Verbindungen enthalten. Viele dieser organischen Substanzen unterliegen in einem Gewässer mehr oder weniger einem allmählichen Abbau, bekannt unter dem Begriff der natürlichen Selbstreinigung. Die natürliche Selbstreinigung des Wassers kommt durch das komplexe Zusammenwirken physikalischer, chemischer und biologischer Prozesse zustande und führt unter bestimmten Bedingungen zur Oxydation der organischen Stoffe. Endprodukte sind Kohlendioxid, Wasser, Sulfat, Nitrat, Phosphat und Chlorid. Neben günstigen physikalischen und chemischen Voraussetzungen im Gewässer ist die natürliche Selbstreinigung im wesentlichen durch die im Wasser befindlichen Mikroorganismen und die Eigenschaften der organischen Wasserinhaltsstoffe bedingt. Letztere können leicht, schwer oder überhaupt nicht abbaubar sein (s. Tab. 3).

Tabelle 3: Einteilung organischer Stoffe nach ihrer Abbaubarkeit

Abbaufähigkeit	Zeitdauer	toxische Wirkung	Beispiele
leicht biochemisch abbaubar	schnell	keine, eventuell durch entstehende Zwischenprodukte	rein häusliche Abwässer
schwer biochemisch abbaubar	sehr langsam	verschieden	Zellstoffabwässer, Mineralölprodukte
nicht biochemisch abbaubar	—	stark	ungenügend gereinigte Galvanikabwässer, Pesticide

Natürliche organische Wasserinhaltsstoffe gelangen in Form verschiedenartiger Pflanzen- und Tierabfälle in die Gewässer. Außer in Moorgebieten sind sie meist von untergeordneter Bedeutung.

Verstärkt wird auf „algenbürtige Schadstoffe" aufmerksam gemacht [20a, 31]. Hierbei handelt es sich um eine Reihe toxischer Verbindungen aus lebenden und abgestorbenen Algen, deren Identifizierung bisher weitestgehend durch die analytischen Möglichkeiten begrenzt wurden.

Bereits seit langem bekannt sind Algenprodukte, die infolge ihres Geruches die Güte von Trinkwasser beeinträchtigen, desgleichen algenbürtige Stoffe die die Trinkwasseraufbereitung stören (sog. Flockungshemmer) [32].

Allerdings führt erst die Einleitung häuslicher und industrieller Abwässer zu einer augenscheinlichen und unzumutbaren Veränderung der Wassergüte, wobei die selbstreinigende Wirkung der Gewässer bei übermäßiger Zufuhr organischer Stoffe vielfach überfordert wird.

Häusliche Abwässer enthalten vor allem Kohlenhydrate, Eiweiße und Fette und sind dem biologischen Abbau weitestgehend zugänglich. Jedoch sind die meisten häuslichen Abwässer mit Produkten der chemischen Industrie belastet, die eine zunehmende Verschmutzung verursachen. Laufend kommen neue Chemikalien in den Handel, deren mögliche Nebenwirkungen im Wasser durch Bildung von Zwischenprodukten beim teilweisen Abbau nicht bekannt sind. Die Produktion und Anwendung erfolgreicher neuer Produkte, wie z. B. Wasch-, Spülmittel, Kunstfasern, Schädlingsbekämpfungsmittel oder Medikamente, steigt bisweilen in wenigen Jahren um Größenordnungen.

Organische Stoffe stellen die Verwendbarkeit eines Wassers durch schlechtes Aussehen, Geruchs- und Geschmacksbeeinflussung und Giftwirkung in Frage. In ihrer Gesamtheit können sie in einem Gewässer Schäden durch Störung des Sauerstoffhaushaltes verursachen. Der im Wasser vorhandene Sauerstoff wird weitestgehend verbraucht, so daß anaerobe Prozesse im Wasser vorherrschen, die zu stinkenden Produkten führen. Außerdem verhindert der fehlende Sauerstoff tierisches und pflanzliches Leben im Wasser.

Bedingt durch die Vielzahl der im Wasser auftretenden organischen Stoffe, werden im folgenden besonders wichtige Stoffgruppen vorgestellt.

4.2.1. Huminsäuren

Huminsäuren sind hochmolekulare organische Verbindungen, deren Definition auch heute noch Schwierigkeiten bereitet, da sie nicht durch einheitliche Molekulargewichte und Strukturformeln zu charakterisieren sind. Löffler [33] versteht unter Huminsäuren Heteropolykondensate von gelber bis dunkelbrauner Farbe, an deren aromatischen Grundgerüst Polysaccharide, Proteine, Phenole, Aminosäuren, Carbonyl-, Carboxyl-, Methoxylgruppen und Metalle angelagert sind.

Hauptsächlich kommen Huminsäuren im Moorboden, im Torf, in der Braunkohle und in allen humushaltigen Böden und somit vor allem in Moorwässern vor. Der wasserlösliche Teil der Huminsäuren wird als Fulvosäuren bezeichnet. Diese Fulvosäuren sind als Stoffe natürlichen Ursprungs in Oberflächen- und Grundwässern weit verbreitet.

Auf Grund ihrer Chelatbindungsfähigkeit an Metallionen können Humin- bzw. Fulvosäuren als Schlepper für Eisen-, Kupfer-, Zinn- und andere Metallionen fungieren, so daß bei fortwährender Verwendung eines fulvosäurehaltigen Wassers Metallionen aus Gebrauchsgegenständen herausgelöst werden.

In der Wasserversorgung führen diese Komplexierungseigenschaften zu Korrosionen an Rohrleitungen [34]. Andererseits werden in Gewässern durch die gebildeten Komplexe genügende Mengen verschiedener Spurenelemente in Lösung gehalten, die somit den Primärproduzenten zur Verfügung stehen [35].

Die Verwendung von Brauchwasser für Wäschereien, Papierfabriken und Färbereien wird durch die Eigenfarbe der Fulvosäuren beeinträchtigt, wobei der meist damit in Zusammenhang stehende Eisengehalt des Wassers sich zusätzlich negativ auswirkt. Dieses komplex gebundene Eisen kann durch eine einfache Enteisenung — durch Belüftung — nicht entfernt werden.

Obwohl Huminsäuren bzw. die im Wasser befindlichen Fulvosäuren für den Menschen physiologisch unbedenklich sind, wird Trinkwasser durch diese Stoffe wesentlich in seiner Qualität gemindert. Neben einem veränderten Aussehen weist ein solches Wasser meist einen unangenehmen Geruch und Geschmack auf. Huminsäuren fungieren außerdem als Precursors, so daß bei der Chlorung des Wassers mit der Bildung unerwünschter Chlorkohlenwasserstoffe (s. Abschn. 4.2.9.) zu rechnen ist.

Grenzwerte für Huminsäuren im Trinkwasser bestehen indirekt durch den Farbgrad, der bezogen auf mg/*l* Pt bei 5 liegen, 20 nicht überschreiten soll. Da im Wasser ähnliche Verfärbungen auch durch Urochrome (Hauptfarbstoff des Harns) hervorgerufen werden können, ist die Gefahr einer fäkalen Verunreinigung nicht auszuschließen.

4.2.2. Lignin und Ligninsulfosäuren

Lignin ist neben Cellulose und Hemicellulose wesentlichster Bestandteil des Holzes. Je nach Verholzungsgrad schwankt sein Anteil zwischen 20 und 35%. Ligninmakromoleküle sind kompliziert aufgebaut; sie besitzen ein aromatisch-aliphatisches Grundgerüst, das aus Monomeren des Phenylpropan-Typs zusammengesetzt ist und durch Methoxygruppen variiert wird. Der Kohlenstoffgehalt liegt zwischen 59 und 67% und richtet sich nach der Herkunft des Lignins.

Lignin ist im Wasser schwer löslich, dagegen beträchtlich alkalilöslich. Die Einführung hydrophiler Gruppen, z. B. durch Sulfonierung, bewirken eine gute Wasserlöslichkeit. Es bilden sich in diesem Fall Ligninsulfosäuren.

Zur Gewinnung von Cellulose aus Holz wird in Europa hauptsächlich das saure Sulfitaufschlußverfahren angewendet. Dabei fallen Ablaugen an, die z. Z. die größte organische Verunreinigung der Gewässer bewirken. Nach VASSEUR [36] ist die Trockensubstanz einer Sulfitkocherlauge von Fichtenholz prozentual folgendermaßen zusammengesetzt:

Ligninsulfosäuren	55%
Hexosen	14%
Pentosen	6%
Harze	3%
Essig-, Ameisensäure	5%
Höhere org. Säuren	7%
Anorganische Stoffe	10%

Als Hauptbestandteil der Zellstoffproduktionsabwässer und auf Grund ihrer Eigenschaften beeinflussen die Ligninsulfosäuren und sonstige Ligninverbindungen den Gütezustand eines Wassers in einem Umfang, wie kaum ein anderes Abwasser. Durch die Schwerabbaubarkeit dieser Verbindungen bedingt, zieht sich ihre Abbauzone weit flußabwärts. Ein völliger Abbau ist nicht zu erwarten. Da diese Abwässer spezifisch schwerer als Flußwasser sind und sich deshalb nur schwer durchmischen, wird ein Abbau zusätzlich erschwert. Einleitungen von Zellstoffproduktionsabwässern sind durch Schaumbildung sowie durch verschieden starke Braunfärbung des Flußwassers, hervorgerufen durch die Ligninverbindungen, zu erkennen. Damit verbunden ist eine Beeinträchtigung des Wassers durch Geruch und Geschmack. Die biologisch leicht abbaubaren Bestandteile des Abwassers verursachen eine intensive Sauerstoffzehrung. Zucker und organische Säuren begünstigen die Entwicklung von Abwasserpilzen (besonders *Sphaerotilus natans*), die weitere Schwierigkeiten bei der Nutzung des Wassers hervorrufen.

Eine Verhinderung der Einleitung von Zellstoffablaugen ist technisch möglich, wenn diese eingedampft und verbrannt werden. Seit vielen Jahren sind darüberhinaus Versuche zur technischen Nutzung von Sulfitablaugen und zur chemischen Verwertung von Ligninen im Gange, um den Abwasseranfall möglichst weit zu verringern. Erfolge auf diesem Gebiet zeichnen sich ab. Noch wird aber der größte Teil des organisch gebundenen Kohlenstoffs (s. Abschn. 5.5.1.3.) in Oberflächengewässern neben den Huminstoffen von Ligninsulfosäuren verursacht. Diese setzen sich bei der Chlorung des Wassers u. a. zu Chlorligninen um, die einen wesentlichen Anteil des organisch gebundenen Chlors (s. Abschn. 5.5.1.6.) ausmachen [37].

4.2.3. Kohlenhydrate

Kohlenhydrate sind Verbindungen, deren allgemeine Summenformel $C_m(H_2O)_n$ ist. Unterschieden wird zwischen einfachen Kohlenhydraten, den Monosacchariden (Aldehyde und Ketone mehrwertiger Alkohole) und zusammengesetzten Kohlenhydraten, die unter Wasseraustritt aus Monosacchariden entstehen. Sogenannte Oligosaccharide sind aus 2 bis 10 Monosaccharidmolekülen aufgebaut, Polysaccharide aus mehreren Ketten solcher Moleküle.

Mono- und Oligosaccharide sind als „Zucker“ bekannt. Von besonderer Bedeutung in der Natur sind die Hexosen (C_6), z. B. Glucose (Traubenzucker), Fructose (Fruchtzucker) und Mannose. Bei den Oligosacchariden spielen die Disaccharide eine wichtige Rolle, insbesondere die Saccharose (Rohrzucker) und die Maltose als Grundkörper der Stärkegruppe. Unter den Polysacchariden ist das

Glykogen zu nennen. Es gehört der Stärkegruppe an, der Speicherform der Kohlenhydrate im menschlichen und tierischen Organismus. Auch die Cellulose, die mengenmäßig ca. die Hälfte aller organischen Naturstoffverbindungen auf der Erde umfaßt, ist ein Glucosepolymeres.

Die Kohlenhydrate gelangen außer aus natürlichen Quellen durch häusliche Abwässer, Abwässer landwirtschaftlicher Betriebe, z. B. den Sickersäften bei der Gärfuttererzeugung, und Abwässer der Lebensmittel- und holzveredelnden Industrie in das Wasser. Besonders hoch ist der Anfall von Kohlenhydraten in den Abwässern der Zuckerfabriken und -raffinerien während der Rübenkampagne.

Die schädliche Wirkung der Kohlenhydrate im Wasser beruht auf ihrem großen Sauerstoffbedarf, hervorgerufen durch ihre gute Abbaubarkeit. Auch wird die Wucherung von Abwasserpilzen begünstigt. Als unangenehme Abbauprodukte können Fettsäuren, Alkohole und Aldehyde auftreten.

4.2.4. Eiweiße

Eiweiß ist ein Sammelbegriff für eine große Anzahl hochmolekularer organischer Stickstoffverbindungen, die Grundsubstanzen für alles Leben sind. Einfach aufgebaute Eiweiße werden Proteine genannt, sie bestehen aus α-Aminosäuren der Formel $R\text{-}CH(NH_2)\text{-}COOH$. In den Proteinen kommen 20 Aminosäuren vor, z. B. Glycin, Alanin, Leucin. 10 Aminosäuren werden als unentbehrlich für den Organismus angesehen. Sowohl pflanzliche als auch tierische Organismen sind in der Lage Aminosäuren zu synthetisieren, letztere allerdings nur im beschränktem Maße. Proteine bzw. Aminosäuren sind deshalb in Gewässern anzutreffen. Quellen für in Wasser gelöste Aminosäuren sind vor allem Planktonorganismen als selbständige Aminosäureproduzenten, Einschwemmungen von Proteinen durch Abwässer und Abläufe aus der biologischen Abwasserreinigung und Abwässer der Lebensmittelindustrie (Molkereien, Schlachthöfe usw.). An dieser Stelle sei die Rückgewinnung wertvoller Eiweißstoffe durch Fällung mit Schwefelsäure und deren Verwertung als Viehfutter erwähnt. Häusliche Abwässer enthalten insbesondere Zwischen- und Abbauprodukte von Eiweißen.

Eiweiße unterliegen unter den verschiedensten Einwirkungen zunächst einer „Denaturierung“, d. h. einem Verlust ihrer ursprünglichen Eigenschaften, der dann ein allgemeiner Abbau folgt, bei dem Aminosäuren entstehen, die durch die biologisch wichtige oxydative Desaminierung unter Abspaltung von Ammonium Aldehydcarbonsäuren bilden können.

$$\underset{\text{Glycin}}{CH_2 \cdot NH_2 \cdot COOH} + 1/2\, O_2 \rightarrow \underset{\text{Ammoniak}}{NH_3} + \underset{\text{Glyoxylsäure}}{CHO \cdot COOH}\,.$$

Besonders unangenehm sind die beim anaeroben Abbau auftretenden Zwischenprodukte, sogenannte „Fäulnisgifte“, Das sind Amine, wie Indol, Skatol und Cadaverin, die sich durch einen äußerst starken widerlichen und ekelerregenden Geruch bemerkbar machen.

4.2.5. Fette

Die Fette gehören zu den einfachen Lipiden; sie kommen vorwiegend in tierischen und pflanzlichen Organismen vor, insbesondere als „Fettzellen“ und stellen einen Teil der menschlichen Nahrung dar.

Chemisch gesehen sind diese Fette komplizierte Gemische von Triglyceriden, also Fettsäureester des dreiwertigen Alkohols Glycerin. Bei tierischen Fetten überwiegen Palmitin- und Stearinsäuren, die zu den gesättigten Fettsäuren gehören und aus unverzweigten Ketten von 16 bzw. 18 Kohlenstoffatomen bestehen.

Fette sind in häuslichen Abwässern und Abwässern der Lebensmittelindustrie (Molkerei- und Schlachthofabwässer) enthalten. Weiterhin sind Abwässer von Seifen- und Waschmittelfabriken (sulfonierte Fettsäuren) zu nennen.

Fette gehören zu den organischen Wasserinhaltsstoffen, die nur relativ langsam abgebaut werden. Sofern sie an der Oberfläche schwimmen, bieten sie einen häßlichen Anblick. Außerdem hemmen sie den für eine Selbstreinigung wichtigen Gasaustausch. In größeren Mengen können sie im Kanalnetz Verstopfungen verursachen und einen Klärbetrieb erschweren. Durch Bildung freier Fettsäuren ist mit dem Auftreten unangenehmer Gerüche zu rechnen, weiterhin mit Betonkorrosion.

4.2.6. Koprosterine

Koprosterin ist ein Reduktionsprodukt des Cholesterins und wird durch Mikroorganismen des Magen-Darm-Traktes von Warmblütern gebildet.

Diese stabile Verbindung ist ausschließlich in den Fäzes zu finden. Ein Mensch scheidet pro Tag ca. 1 g Koprosterin aus, ähnlich ist das bei Haustieren, wie Schwein und Rind. Da das Koprosterin nur in Fäkalien der Warmblüter auftritt, haben einige Autoren [38, 39] vorgeschlagen, diese Verbindung als Fäkalindikator für abwasserbelastende Grund- und Oberflächengewässer zu verwenden. Damit ist es möglich, neben der Bestimmung der Coli-Bakterien, die die Anwesenheit pathogener Keime signalisieren und als Nachweis von Fäkalverschmutzungen dienen, einen weiteren Indikator zur Verfügung zu haben. Das ist dann von Vorteil, wenn damit zu rechnen ist, daß die Coli-Bakterien abgestorben und nicht mehr nachweisbar sind. Der chemische Nachweis des Koprosterins ist außerdem empfindlicher als der Coli-Test [40]. Auch die als Fäkalindikator verwendbare Harnsäure, die neben Harnstoff in häuslichen und landwirtschaftlichen Abwässern vorkommt, läßt sich ohne Anreicherung nur in stark belasteten Oberflächenwässern gut nachweisen.

4.2.7. *Tenside*

Als Tenside werden grenzflächenaktive Substanzen bezeichnet, die in synthetischen Wasch-, Netz- und Reinigungsmitteln enthalten sind. Der Begriff Detergentien ist dem anglo-amerikanischen Sprachgebrauch entnommen und bezieht sich nicht allein auf die Wirkstoffe, sondern auf die fertigen Handelsprodukte. Der Tensidanteil solcher Produkte ist identisch mit der sogenannten „Waschaktiven Substanz“ (*WAS*).

Tenside enthalten neben einem langen hydrophoben (wasserabweisend) Kohlenstoffanteil eine hydrophile (wasserfreundlich) polare Gruppe, durch deren Kombination und Variation ihre Eigenschaften, wie Schäumen, Netzen, Emulgieren und Reinigen, verändert werden. Nach ihrer chemischen Struktur wird eine Klassifizierung in folgenden Hauptgruppen vorgenommen:

a) Anionische Tenside (*AAT*)
Als Hauptbestandteil vieler Wasch- und Reinigungsmittel werden diese Tenside z. Z. am meisten produziert. Sie dissoziieren im Wasser in negativ geladene organische Ionen und Metallionen, insbesondere Natrium- oder Kaliumionen. Am bekanntesten sind die Verbindungen der Alkylsulfate, Alkylsulfonate und Alkylarylsulfonate.

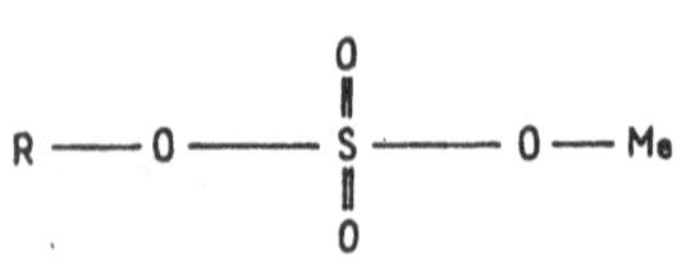

Alkylsulfate

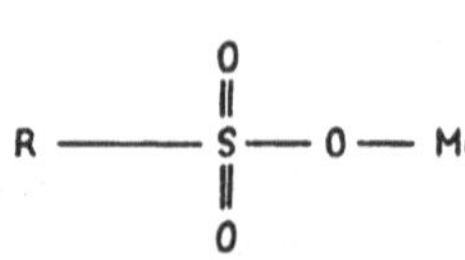

Alkylsulfonate

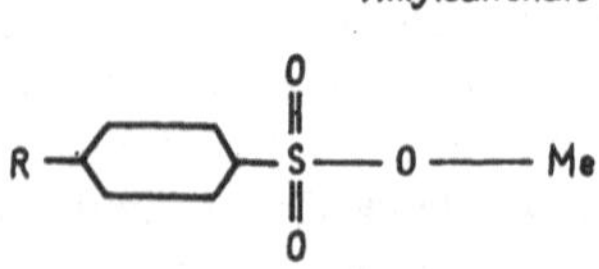

Alkylarylsulfonate

R — aliphatischer Rest ($-C_{10}H_{21}$; $-C_{12}H_{25}$)
Me — Metallionen (Na^+, K^+)

b) Kationische Tenside (*KAT*)
Hierbei handelt es sich um Verbindungen, die im Wasser in positive organische Ionen und anorganische Anionen dissoziieren, z. B. quaternäre Ammoniumsalze, $R-N(CH_3)_3Cl$ oder quaternäre Pyridinsalze, 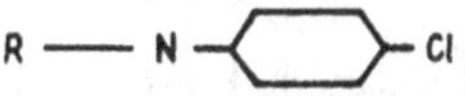

c) Nichtionische Tenside
Diese Verbindungsklasse dissoziiert in wäßriger Lösung nicht. Ihre gute Wasserlöslichkeit beruht auf Molekülgruppen, die eine starke Wasseraffinität besitzen, wie das bei Alkylpolyglycolethern, $RO(C_2H_4O)_nH$ und Acylpolyglycolestern, $R-COO(C_2H_4O)_nH$, Saccharoseestern und Isocyanatderivaten der Fall ist.

d) Amphotere Tenside
Das amphotere Verhalten dieser Verbindungen zeigt sich bei verschiedenen pH-Milieu im Wasser. Sie dissoziieren in Abhängigkeit vom pH-Wert (sauer oder alkalisch) in oberflächenaktive Kationen oder Anionen, z. B. Betaine.

Eine Vorstellung über die produzierten Mengen dieser Stoffgruppen vermittelt Tab. 4.

Tabelle 4: Weltproduktion an Tensiden in 1000 t [41]

Tenside	1939	1960	1965	1970	1980 (geschätzt)
Insgesamt	14,3	1386	2230 (100%)	3100 (100%)	8000 (100%)
davon					
anionisch	—	—	1579 (70,8%)	1914 (61,8%)	3200 (40%)
nichtionisch	—	—	535 (24,0%)	900 (29,0%)	3200 (40%)
kationisch	—	—	111 (5,0%)	280 (9,0%)	1600 (20%)
amphoter	—	—	5 (0,2%)	6 (0,2%)	

Die bisher überwiegende Produktion und Nutzung der anionischen Tenside ist auf die verhältnismäßig billige Herstellung dieser Stoffe und ihre gute Waschwirkung zurückzuführen.

Wie vielfältig die Anwendungsgebiete der Tenside sind, ist der Tab. 5 zu entnehmen.

Bei der unmittelbaren Anwendung im Haushalt und Industrie wird nur ein kleiner Prozentsatz der Tenside verbraucht. Der Hauptteil gelangt in das Abwasser und damit in den meisten Fällen in die Gewässer.

Welche Wirkungen sind damit verbunden? Die Anwesenheit von Tensiden in Flußläufen zeigt sich durch Schaumbildung. Abgesehen von der Behinderung, die der Schaum für den Schiffsverkehr bedeuten kann, bewirkt er eine ungenügende

Tabelle 5: Verwendung der Tenside [42]

	Anteile in %
Textilveredlung	13,2
Waschen und Reinigen im Haus und Gewerbe	8,9
Körperpflege, Kosmetik	8,5
Desinfektion, Konservierung	8,5
Farben und Lacke	2,3
Emulgieren, Schmieren, Polieren	8,5
Zellstoff, Papier, Imprägnieren	4,3
Leder, Rauchwaren	1,3
Pflanzen- und Vorratsschutz	4,0
Chemische Verfahren (Fasern, Plaste, Kautschuk)	11,2
Flotation, Bergbau	4,6
Metalloberflächenbehandlung (Korrosionsschutz, Galvanotechnik)	10,2
Fotomaterialien	5,3
Bau- und Wirkstoffe, Bautenschutz, Straßenbau	2,6
Lebens-, Genuß- und Futtermittel	3,3
Heilbehandlung, Heilmittel	3,3

Berührung der Grenzphase der Wasseroberfläche mit der Luft, so daß der Gehalt an gelöstem Sauerstoff im Wasser sinkt. Die Veränderung der Oberflächenspannung kann weiterhin einen Einfluß auf die Lebensfunktionen von Organismen haben, da die in ihnen ablaufenden Stofftransporte häufig auf Diffusions- oder osmotischen Vorgängen beruhen.

Diese negativen Wirkungen beeinflussen insbesondere die natürliche Selbstreinigung in den Wasserläufen, wobei außerdem die bakterizide Wirkung einiger Tenside eine wichtige Rolle spielt. Desweiteren verursacht die Anwesenheit von Tensiden in Abwässern eine wesentliche Effektivitätssenkung bei ihrer biologischen Reinigung.

Eine Verminderung aller dieser negativen Wirkungen glaubte man erreicht zu haben, als insbesondere zum Zwecke der Schaumminderung die sogenannten „harten Detergentien", die sich durch ihre biologische Nichtabbaubarkeit auszeichneten, weitestgehend durch die leichter abbaubaren „weichen Detergentien" ersetzt wurden. Chemisch drückt sich das in den nicht mehr so stark verzweigten Molekülstrukturen der aliphatischen Reste aus. Aber auch diese Lösung ist mit Bedenken behaftet, da Tenside mit geradlinigen, unverzweigten organischen Resten den natürlichen Fetten sehr nahekommen, so daß die Möglichkeit besteht, daß diese lipophilen Strukturen in Wechselbeziehungen zu den Hautfetten treten und die Haut damit für bestimmte Stoffe durchlässig machen und somit die Widerstandsfähigkeit vor allem von Wasserorganismen herabgesetzt wird.

Da durch Tenside geschmackliche Beeinträchtigungen und Verstärkung der Giftwirkung cancerogener Stoffe festgestellt wurden, sollen diese Stoffe im

Trinkwasser nicht nachweisbar sein, auf keinen Fall einen Gehalt von 0,1 mg/*l*, bezogen auf ABS (Alkylbenzolsulfonat) überschreiten.

4.2.8. Pesticide

Unter diesem Begriff sind Pflanzenschutzmittel im weitesten Sinn zu verstehen, also chemische Substanzen, die gegen Schädlinge und Unkräuter angewendet werden. Für diese Chemikalien sind auch Namen wie Biozide oder Schädlingsbekämpfungsmittel im Gebrauch. Nach ihren Hauptanwendungsgebieten kann zwischen Insekticiden (insektentötende Substanzen), Herbiciden (unkrautvernichtende Substanzen) und Fungiciden (pilzvernichtende Substanzen) unterschieden werden.

Die Zeit der Anwendung moderner Pflanzenschutzmittel setzte mit der Entwicklung der sogenannten Kontaktinsekticide ein, von denen als erstes das *DDT* (Dichlor-diphenyl-trichlorethan) im Jahre 1938 erkannt wurde. Weitere chlororganische Kohlenwasserstoffverbindungen konnten synthetisiert werden, die ähnliche Wirkungen aufwiesen, so daß diese Verbindungsklasse zu den am meisten produzierten Pesticiden gehört.

In Tab. 6 sind einige wichtige Pesticide nach ihrer chemischen Konstitution geordnet und ihre Hauptanwendungen genannt.

Tabelle 6: Verbindungklassen organischer Pesticide und ihre Hauptanwendungsgebiete

	Verbindungsklassen	Hauptanwendung als
I.	Chlorierte Kohlenwasserstoffe, z. B. Aldrin, Chlordan, Dieldrin, Endrin, Heptachlor, Endosulfan, DDT (Dichlordiphenyltrichlorethan), Methoxychlor, Lindan, Toxaphen	Insekticide
II.	Organophosphorverbindungen, z. B. Parathion, Malathion, Mevinphos, Trichlorphon, Dichlorphos, Dimethoat, Butonat	Insekticide
III.	Chlorierte Phenoxyfettsäuren, z. B. 2,4-D; MCPA	Herbicide
IV.	Substituierte Harnstoffe, z. B. Diuron, Metobromuron	Herbicide
V.	Substituierte Carbamate z. B. Aldicarb, Carbaryl, Carbofuran	Herbicide
VI.	Dithiocarbamate, z. B. Mancozeb, Maneb, Thiram	Fungicide
VII.	Triazine, z. B. Atrazin, Simazin, Prometryn	Herbicide
VIII.	Substituierte Phenole z. B. Dinoseb, DNOC	Herbicide

In steigendem Maße werden als Insekticide Organophosphorverbindungen eingesetzt. Von einigen dieser Verbindungen, bei denen es sich um Phosphorsäureester handelte, war in den dreißiger Jahren dieses Jahrhunderts eine starke Toxizität gegenüber Warmblütlern und Insekten festgestellt worden. Bei der Weiterentwicklung dieser Substanzklassen wurde, bedingt durch die damaligen gesellschaftlichen Verhältnisse, in Deutschland und in England der Schwerpunkt der Arbeiten auf die Gewinnung von Wirkstoffen mit spezieller Warmblütlertoxizität gelegt. Ergebnis waren starke chemische Kampfstoffe, wie „Tabun", „Sarin" und „Soman" [43]. Erst nach Beendigung des 2. Weltkrieges, als die kriegsbedingte Geheimhaltung aufgehoben war, wurden auch Verbindungen bekannt, die sich durch eine starke Toxizität gegenüber Insekten und einer verminderten Warmblütlertoxizität auszeichneten. Auf diesem Gebiet wurden in den weiteren Jahren friedlicher Forschung große Fortschritte erzielt.

Während die schädliche Wirkung von Insekten auf Kulturpflanzen lange bekannt war und als Gefahr erkannt wurde — noch heute werden ca. 35% der Welternte durch Schädlinge auf dem Feld oder bei der Lagerung vernichtet [44] — ist die durch Unkräuter verursachte Ernteminderung lange Zeit unterschätzt worden. Erst seit etwa 15 Jahren hat die Entwicklung und Produktion von Herbiciden einen gewaltigen Aufschwung erfahren. Heute werden ca. 50% des Weltumsatzes an Pflanzenschutzmitteln durch Herbicide eingenommen; es existieren über 100 solcher Wirkstoffe für die Anwendung verschiedenster Art. Allein in der DDR stieg der Verbrauch an Pflanzenschutzmitteln im Zeitraum von 1965 bis 1972 von 8220 auf 21900 t/Jahr Wirkstoff, wovon 70 bis 75% als Herbicide Anwendung fanden. Trotzdem wird z. Z. der landwirtschaftliche Schaden, der durch Schädlinge und Unkräuter in der DDR verursacht wird, mit 20% des potentiellen Ernteertrages [45] eingeschätzt.

Die Notwendigkeit der Anwendung der Pesticide steht außer Zweifel, da sie im Zuge der Intensivierung der Landwirtschaft (Monokulturen) für die Sicherung der pflanzlichen Nahrungsproduktion unumgänglich ist [46]. Allerdings besteht auch kein Zweifel, daß der Gebrauch solcher Chemikalien große Gefahren mit sich bringt. Gerade das Wasser kann für eine weite Verbreitung der Pesticide sorgen, z. B. durch Einsickern mit dem Niederschlagswasser auf behandelten Flächen bis zum Grundwasserspiegel in einem Wassereinzugsgebiet oder durch den Transport zerstäubter Pesticide in der Luft und Niedergang auf die Gewässer, weiterhin durch Abflüsse von Abwässern der Pesticidindustrie.

Wenn auch akute Vergiftungen durch Pesticide beim Menschen nahezu ausgeschlossen sind, so kann die laufende Zufuhr kleiner Mengen dieser Stoffe über Jahre gefährlich sein. Unerwünschte Wirkungen durch Pflanzenschutzmittel treten immer dann auf, wenn sie im Rahmen von Bekämpfungsmaßnahmen falsch angewendet werden. Das kann sowohl aus mangelnden Kenntnissen und Sorgfalt, aber auch durch unglückliche Umstände geschehen. Erhöhte Beachtung ist den Wirkungen zu schenken, die nicht lokal begrenzt sind und sich durch Anreicherungen solcher für den Pflanzenschutz eingesetzter chemischer Verbindungen in Gewässern, Böden und der Nahrungskette bemerkbar machen.

Tabelle 7: Auswahl in der DDR empfohlener Grenzwerte für Schadstoffe in Oberflächenwasser, das zur Nutzung als Trinkwasser dienen soll (nach HORN [47])

Wirkstoff	Grenzwert
DDT + DDE + DDD	0,006 mg/*l*
Lindan	0,0015 mg/*l*
Toxaphen	0,0015 mg/*l*
Butonat	0,04 mg/*l*
Trichlorphon	0,02 mg/*l*
Dichlorvos	0,01 mg/*l*
Methylparathion	0,002 mg/*l*
Dimethoat	0,01 mg/*l*
Demephion	0,006 mg/*l*
PAK[1])	0,2 µg/*l*
KKW[2])	0,06 µg/*l*
BPy[3])	0,01 µg/*l*

[1]) Summe von 3,4-Benzpyren, 3,4-Benzfluoranthen, Indenopyren, 11,12-Benzfluoranthen, Fluoranthen 1,2-Benzperylen
[2]) Summe von 3,4-Benzpyren, 3,4-Benzfluoranthen und Indeno (1,2,3,-cd)pyren
[3]) 3,4-Benzpyren

Die Gefahr der Kontamination der Umwelt durch Pflanzenschutzmittel wurde im Zusammenhang mit der weltweiten Verwendung des *DDT* ausgelöst. Auf Grund unzureichender Selektivität der angewendeten Analysenverfahren wurde bei der Feststellung der *DDT*-Belastung die Gruppe der Polychlorbiphenyle (s. Abschn. 4.2.9.1.) mit erfaßt. Trotzdem ist es eine unumstößliche Tatsache, daß *DDT* fast überall in der Welt nachzuweisen ist.

DDT und andere als Pesticide verwendeten Chlorkohlenwasserstoffe sind chemisch schwer angreifbare Stoffe und biologisch schwer abbaubar, so daß diese Stoffe Jahrzehnte überdauern können. Dort, wo häufig diese Insekticide angewendet werden, führt das zu einer erheblichen Anreicherung. Besonders negativ wirkt sich die gute Löslichkeit der Chlorkohlenwasserstoffe in allen Arten von Fetten, Ölen und fettähnlichen Stoffen aus. Somit werden von Mensch und Tier aufgenommene Chlorkohlenwasserstoffe im Fettgewebe, aber auch in anderen Teilen des Körpers angereichert. Die damit hervorgerufene gesundheitsgefährdende Wirkung für den Menschen ist der Anlaß, diese Verbindungen durch weniger toxische und persistente Stoffe, insbesondere durch Organophosphorverbindungen zu ersetzen.

Erwähnt werden muß, daß unter Umständen Spalt- und Abbauprodukte gewisser Pesticide in ihren toxischen Wirkungen gefährlicher sein können als die Ausgangsstoffe selbst. Neben damit auftretenden Problemen der Analytik müssen auf diesem Gebiet noch eine Reihe anderer Fragen gelöst werden, vor allem das Verhalten der Pesticide und deren Folgeprodukte bei den gängigen Wasseraufbereitungsverfahren.

Auf Grund der Schwierigkeiten, einzelne Pesticide chemisch zu analysieren, wurden Summenbestimmungsmethoden herangezogen, die eine Beurteilung ermöglichen. Zum Beispiel werden die zu untersuchenden Wasserproben über Aktivkohle gegeben und der Chloroformextrakt bestimmt. Dieser soll im Trinkwasser so gering wie möglich sein, auf jeden Fall unter 0,2 mg/*l* *CCE* (*C*arbon *C*hloroform *E*xtract) liegen. Da auch andere organische Verbindungen in Chloroform löslich sind, ist es offensichtlich, daß eine solche Methode nur Anhaltspunkte liefern kann. Mit modernen Methoden der Chromatografie können seit einiger Zeit Einzelpesticide in Mikrogramm-Mengen bestimmt werden, so daß die Festlegung von Grenzwerten einzelner Pesticide im Wasser möglich ist (s. Tab. 7).

4.2.9. Halogenkohlenwasserstoffe

Halogenkohlenwasserstoffe sind Kohlenwasserstoffe, in denen Wasseratome durch Halogenatome ausgetauscht wurden. Nach dieser Definition zählen halogenierte organische Phosphor- oder Schwefelverbindungen und Heterocyclen nicht zu dieser Stoffgruppe. Halogenkohlenwasserstoffe werden ausnahmslos durch die moderne Industrie erzeugt und haben im Rahmen der Umweltproblematik in den letzten Jahren eine besondere Bedeutung erlangt. Zu den Halogenkohlenwasserstoffen gehören solche wichtigen Industrieprodukte wie ein Großteil der Pesticide, Weichmacher und organischen Lösungsmittel. Neben *DDT* (s. Abschn. 4.2.8.) werden weiterhin Pflanzenschutzmittel, wie z. B. Aldrin, Chlordan, Dieldrin, Lindan und Methoxychlor, produziert, desgleichen die im Abschn. 4.2.9.1. behandelten *PCB* und industriellen Lösungsmittel bzw. Zwischenprodukte. Letztere, u. a. Chlorethan, Vinylchlorid, Tetrachlorkohlenstoff und Chlorethylenverbindungen, werden weltweit in der Größenordnung von Millionen Tonnen hergestellt und gelangen somit, wenn auch nicht absichtlich, in meßbaren Mengen in die Umwelt und zwangsläufig in das Wasser.

Z. Z. wird geschätzt, daß in einem kontaminierten Oberflächengewässer ca. 90 % aller Organochlorverbindungen nicht identifiziert sind und daß es sich dabei vorwiegend um nichtflüchtige, polare, hochmolekulare Verbindungen handelt. Zu den identifizierten Stoffen gehören ca. 9 % flüchtige Halogenverbindungen, etwa 0,5 % Chlorphenole und ca. 0,01 % Pesticide [37].

Eine gewisse Sonderstellung unter den Halogenkohlenwasserstoffen nehmen die Haloforme (s. a. Abschn. 4.1.1.5.) ein, das sind Verbindungen des Typs CHX_3 (X = Halogen), die durch Halogenierung organischer Wasserinhaltsstoffe entstehen (Hauptvertreter Chloroform, $CHCl_3$). Nicht auszuschließen bei der Chlorung des Wassers ist außerdem die Bildung weiterer Chlorkohlenwasserstoffe [48], sofern das Wasser sogenannte Precursors enthält. Mit diesem Terminus werden reaktive organische Wasserinhaltsstoffe bezeichnet, die sich mit Halogenen leicht umsetzen. Wichtigste als Precursors angesehene Verbindungen sind die Huminstoffe [49].

Die Festlegung von Grenzwerten ist deshalb ein besonderes Problem und muß in differenzierter Form erfolgen. Neben der Angabe des Summenparameters *TOCl* (s. Abschn. 5.5.1.6.) sollten Organochlorpesticide und Haloforme möglichst einzeln ausgewiesen werden. Zum Beispiel wird ein Oberflächenwasser als Rohstoff für die Trinkwasserversorgung als geeignet angesehen, wenn es einen Gehalt an *TOCl* von 0,1 mg/*l* Cl und an Organochlorpesticiden je Einzelsubstanz von 0,005 mg/*l* Cl nicht überschreitet [50]. Für Haloforme werden Richtwerte von 1 µg/*l* bis 350 µg/*l* für das Trinkwasser empfohlen [37].

Weiterführende Literatur siehe [51—53].

4.2.9.1. *Polychlorbiphenyle*

Polychlorbiphenyle (*PCB*) entstehen bei der Chlorung von Biphenyl. Je nach Reaktionsbedingungen bilden sich verschiedene Isomere, von denen es rein theoretisch 209 gibt. Alle diese Verbindungen sind geruch-, farblos, oxydationsbeständig, praktisch inert. Mit steigendem Chlorgehalt ändert sich der Aggregatzustand von flüssig (Öl) zu fest (Harz), die Entflammbarkeit nimmt ab, ebenfalls die gute Löslichkeit in organischen Lösungsmitteln, Fetten und Ölen. Das bezieht sich auch auf die Wasserlöslichkeit. Zum Beispiel lösen sich Mono- und Dichlorbiphenyle bis zu ca. 1 mg/*l* im Wasser, 3,4,3',4'-Tetrachlorbiphenyl zu 750 ng/*l* und Decachlorbiphenyl zu 100 ng/*l* im Wasser.

Polychlorbiphenyle werden seit 1930 industriell hergestellt und finden breiteste Anwendung (s. Tab. 8).

Polychlorbiphenyle wurden erst 1966 in Medien der Umwelt nachgewiesen. Auf Grund der chemischen Ähnlichkeit zu Organo-Chlor-Insekticiden wurden diese Verbindungen oft nicht als solche erkannt.

Nach Entwicklung einer gesicherten Analytik [54] können Polychlorbiphenyle in Luft, Wasser und Organismen festgestellt werden. Infolge ihrer guten Fettlöslichkeit reichern sie sich ähnlich wie die chlororganischen Insekticide innerhalb der verschiedenen Nahrungsketten an. Bisherige Untersuchungen ergaben, daß niedrig chlorierte Polychlorbiphenyle eine große akute Toxizität besitzen, höher chlorierte Polychlorbiphenyle chronisch toxisch wirksam sind.

Die festgelegten Grenzwerte für *PCB* entsprechen denen der Pesticide.

Tabelle 8: Beispiele für die Anwendung von Polychlorbiphenylen

Niedrig chlorierte Biphenyle	Höher chlorierte Biphenyle
Hydraulikflüssigkeiten Feuersichere Wärmeüberträger- und austauscher	Imprägniermittel gegen Wasser und Flammen
Heizbadflüssigkeiten Kühlmittel für Transformatoren	Weichmacher in Farben und Lacken Zusatz in Pesticiden, Kunststoffen, Gummi, Adhäsiven und Papier
Dielektr. Medien in Kondensatoren Bohröle Hochdruckschmieröle	

4.2.10. *Kohlenwasserstoffe — Benzine, Mineralöle*

Benzine und Mineralöle sind Gemische von zahlreichen aliphatischen und aromatischen Kohlenwasserstoffen. Transport, Lagerung, Raffination und die vielfältige Verwendung dieser Stoffe sind für Zivilisation und deren Weiterentwicklung von entscheidender Bedeutung.

Wasserverunreinigungen durch Mineralölprodukte sind verbreitet und werden insbesondere durch vorschriftswidrige Lagerung, sorglosen Umgang und Havarien (Tankwagen, Riesentanker, Pipe-lines) verursacht. Die Auswirkung solcher Verunreinigungen auf die Wasserversorgung ist u. a. von der geologischen Situation abhängig. Große Gefahren werden sich dann einstellen, wenn zu den in der Nähe von Verkehrswegen gelegenen Oberflächen- oder Grundwässern, die nur von unzureichenden Bodenschichten abgedeckt sind, ein plötzlicher und oft nicht zu verhindernder Zutritt des Öls zum Wasser erfolgt. Dabei ist die Gefährdung des Grundwassers, wenn Leckagen nicht bemerkt (lecke Lagertanks von Tankstellen) und die in den Untergrund eingedrungenen Ölmengen nicht schnell entfernt werden, schwerwiegender als leichter erkennbare Verunreinigungen von Oberflächengewässern.

Verunreinigungen durch Mineralölprodukte sind meist an den mehr oder weniger großen regenbogenfarbigen, schillernden Ölflecken und -streifen zu erkennen. Diese Ölfilme verschiedener Dicke unterliegen teilweise der Verdunstung und der Oxydation. Da das vor allem für die leichter flüchtigen Fraktionen zutrifft, nimmt die Dichte des verbleibenden Kohlenwasserstoffgemisches zu, es wird schwerer und sinkt langsam, u. a. durch Adsorption an Schwebstoffen zu

Boden. Das abgesunkene Öl verunreinigt das Wasser weiter, da ein bakterieller Abbau weit schleppender als an der Oberfläche erfolgt. Verklumpung und Verkittung des Uferbetts sind die Folge, so daß eine Uferfiltration zum Erliegen kommen kann. An Uferpflanzen, an Plankton und vom Uferschlamm adsorbiertes Öl hält sich besonders lang. Trinkwasser, das aus einem durch Mineralöl verunreinigtem Grundwasser oder Oberflächenwasser gewonnen wird, besitzt selbst bei kleinsten, optisch nicht mehr wahrnehmbaren Mengen, einen äußerst unangenehmen Geruch und Geschmack, der auf die Wasserlöslichkeit der Kohlenwasserstoffe zurückzuführen ist. Die Wasserlöslichkeit nimmt ausgehend von den Aromaten zu den Paraffinen ab, wird allerdings durch sogenannte Lösungsvermittler, zu denen z. B. Tenside gehören, häufig erhöht.

Aromaten, insbesondere Steinkohlenteerprodukte, verursachen den typischen Benzingeruch, während n-Paraffine in dieser Hinsicht kaum hervortreten. Trotz der verschiedenartigen Zusammensetzung technischer Kohlenwasserstoffgemische ist eine Identifizierung durch den Geruch neben modernen Methoden der Spektrometrie und Chromatografie eine empfindliche Nachweismöglichkeit.

Die höchste toxische Wirkung ist von den aromatischen Bestandteilen der Kohlenwasserstoffgemische zu erwarten. Beim Menschen sind allerdings Vergiftungen nicht bekannt geworden, da infolge des schlechten Geschmackes und Geruches eines solcherart verunreinigten Wassers keine größeren Mengen getrunken werden. Trinkwasser wird ungenießbar, wenn es Mineralölprodukte in Konzentrationen von 0,1 bis 1 mg/*l* enthält. Mineralöle sollen deshalb im Trinkwasser nicht in geschmacksstörenden Konzentrationen vorliegen.

4.2.11. Phenole

Phenole sind aromatische Verbindungen, die eine oder mehrere Hydroxylgruppen (ein- und mehrwertige Phenole) direkt am Benzenkern gebunden, enthalten.

Hauptursache für das Vorkommen von Phenolen im Wasser sind ungenügend gereinigte Abwässer von Gaswerken, Kokereien, Schwelereien und der chemischen Industrie. Auch bei der Zersetzung von Laub, Holz, Harzen und Algen können Phenole gebildet werden, so daß ein natürlicher Phenolpegel im Wasser besteht, der jahreszeitlich verschieden ist und im Mikrogrammbereich liegt. In Tab. 9. (s. S. 70) sind einige wichtige ein- und mehrwertige Phenole aufgeführt.

Für die Erzeugung verschiedener Arzneimittel, Desinfektionsmittel, Phenol- und Kresolharze, Farbstoffe und Kosmetika sind vor allem einwertige Phenole wichtige Ausgangsstoffe. Zweiwertige Phenole können sich beim biologischen Abbau von Naturstoffen bilden. Resorcin und Brenzcatechin werden besonders bei der Arzneimittel-, Desinfektionsmittel- und Farbstoffherstellung benötigt, Hydrochinon zur Herstellung von Photochemikalien. Dreiwertige Phenole sind häufig Bestandteile von Naturstoffen. Am bekanntesten ist das Pyrogallol im Zusammenhang mit Gallussäure und Tannin.

Phenole sind chemisch stabile Verbindungen, die biologisch abbaubar sind. Phenol und Kresole lassen sich gut abbauen, Xylenole, Pyrogallol, Naphthol, Aminophenol, methylierte Polyphenole und Oxychinolin dagegen nur sehr langsam [55].

Tabelle 9: Wichtige Phenole

Einwertige Phenole		Zweiwertige Phenole		Dreiwertige Phenole	
Phenol		Brenz-catechin	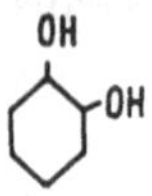	Pyrogallol	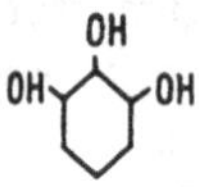
m-Cresol	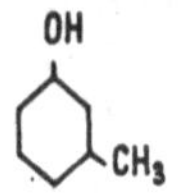	Resorcin	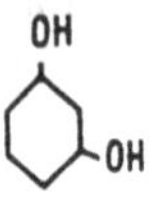		
sym. Xylenol	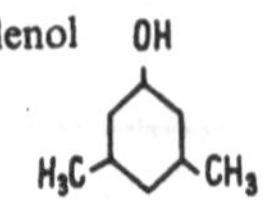	Hydrochinon			
2-Cl-Phenol	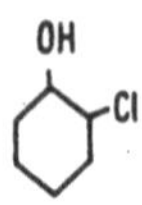				

Bereits 0,1 bis 1 mg/*l* Phenole rufen Geschmacks- und Geruchsbeeinträchtigungen hervor. Besonders intensiv treten diese durch Bildung von Chlorphenolen bei erfolgter Chlorung auf. Phenole reichern sich im Fischkörper an und führen zu unangenehmen Geschmacksveränderungen des Fischfleisches. Auch wirken Phenole auf die meisten Lebewesen toxisch, u. a. als Bakteriengifte. Deshalb wurde ursprünglich die biologische Abwasserreinigung der Phenolabwässer nicht für möglich gehalten. Durch Adaption der Bakterien (Ausbildung resistenter Stämme) gelingt heute der Abbau in zunehmenden Maße.

Der Grenzwert für Trinkwasser von 0,001 mg/*l* Phenol soll keinesfalls überschritten werden.
Weiterführende Literatur: [20a].

4.2.12. *Polycyclische aromatische Kohlenwasserstoffe*

Polycyclische aromatische Kohlenwasserstoffe (*PAK*) sind orthokondensierte aromatische Ringsysteme mit zwei und mehr Benzolringen als Grundkörper. Sie entstehen bei unvollständig verlaufenden pyrolytischen Prozessen in Industrie, Straßen-, Luftverkehr und Haushalt. Auch Mikro- und Makroflora können unter bestimmten Bedingungen Stoffe dieser Verbindungsklasse synthetisieren, so daß ein natürlicher Normalpegel in Wasser und Boden nicht auszuschließen ist.

Tabelle 10: Einige im Wasser nachgewiesene *PAK* und ihre cancerogene Aktivität

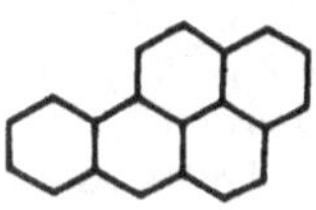		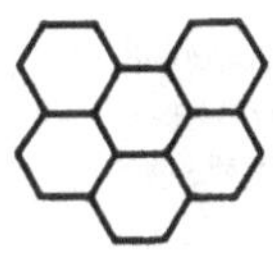	
3,4-Benzpyren	+++	1,12-Benzperylen	(+)
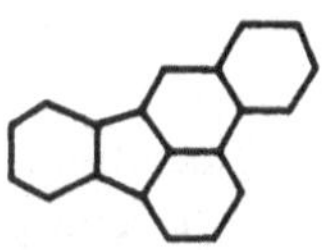		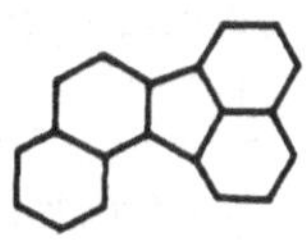	
3,4-Benzfluoranthen	++	10,11-Benzfluoranthen	++
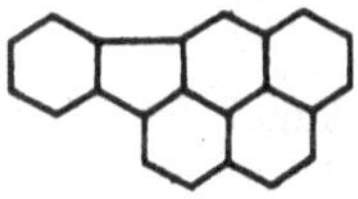		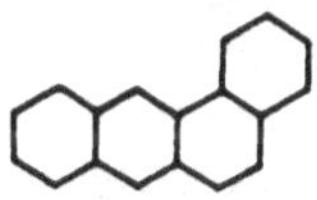	
Indeno (1,2,3-cd)pyren	+	1,2-Benzanthrazen	+
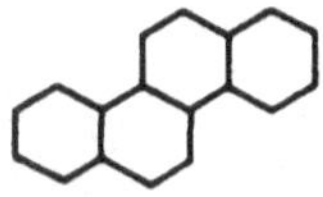		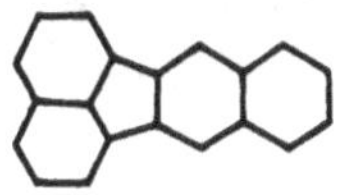	
Chrysen	+	11,12-Benzfluranthen	(+)
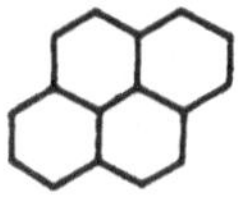		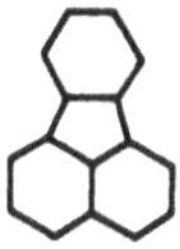	
Pyren	—	Fluranthen	—

Cancerogene Aktivität:
- +++ stark
- ++ weniger stark
- \+ schwach
- (+) sehr schwach

Polycyclische aromatische Kohlenwasserstoffe sind zwar im Wasser weitestgehend unlöslich, können aber durch Tenside, Öle und andere organische Substanzen solubilisiert werden. Einige im Wasser nachgewiesene Verbindungen sind in Tab. 10 aufgeführt.

Besonders das 3,4-Benzpyren erwies sich als hochwirksame cancerogene (krebserregende) Substanz.

Polycyclische aromatische Kohlenwasserstoffe können aus der Luft als Staub und aus Abgasen verschiedenster Art in das Wasser gelangen. Borneff und Kunte [56] geben für das Vorkommen cancerogener *PAK* in Wässern folgende Werte an:

Grundwasser	1 bis 10 μg/m³
Gering verunreinigtes Oberflächenwasser	10 bis 50 μg/m³
Mäßig verunreinigtes Oberflächenwasser	50 bis 100 μg/m³
Stärker verunreinigtes Oberflächenwasser	100 bis 1000 μg/m³
Abwasser	bis über 100000 μg/m³

Damit ist zumindest eine latente Gefahr für die menschliche Gesundheit gegeben, sofern ungenügend aufbereitete Wässer als Trinkwasser Verwendung finden.

Die Festlegung von Grenzwerten für Trinkwasser ist äußerst problematisch, da in einem so geringen Konzentrationsbereich Tierexperimente schwerlich konkrete Aussagen erbringen können. Als Normalpegel werden von Borneff und Kunte im Grundwasser Konzentrationen bis 0,05 μg/*l* *PAK* und im Leitungswasser bis 0,1 μg/*l* *PAK* angesehen.

Die Weltgesundheitsorganisation (WHO 1970) gibt eine maximal zulässige Konzentration im Trinkwasser von 0,2 μg/*l* *PAK* an. Für 3,4-Benzpyren wird ein Grenzwert von 0,01 μg/*l* (WHO 1982) empfohlen.

Weiterführende Literatur siehe [57].

5. Chemisch-analytische Erfassung von Wasserinhaltsstoffen

Die Bestimmung der Art und Menge der in einem Wasser enthaltenen Stoffe ist Aufgabe der Wasseranalytik. Bei der Vielzahl der in Wässern und Abwässern vorhandenen gelösten, kolloidalen und suspendierten Stoffe ist es äußerst schwierig und zeitaufwendig, alle in einem Wasser befindlichen Stoffe zu bestimmen. Aus ökonomischen Gründen ist es deshalb erforderlich, nur die wesentlichen Güteparameter zu ermitteln.

Zur Zeit wird geschätzt [58], daß durch Industrieabwässer verschmutzte Flüsse bis zu 10^6 verschiedene Schadstoffe enthalten können. Damit wird deutlich, welche Verantwortung allein in der Auswahl von Wassergüteparametern liegt, die dazu dienen soll, ein Wasser für einen bestimmten Nutzungszweck zu beurteilen.

Ergibt sich einerseits die praktisch unbegrenzte Zahl von Möglichkeiten für das Vorliegen von Stoffen, die in einer Wasserprobe hinsichtlich Art und Menge Gegenstand analytischer Untersuchungen sein können, so ist andererseits die zwingende Notwendigkeit offenbar, die dem Analytiker gestellte Aufgabe einzuengen. Vor Beginn einer Wasseranalyse muß deshalb der Analytiker unbedingt nähere Auskünfte über die Herkunft der Wasserprobe und den Zweck der Analyse erhalten, um eine fachgerechte Auswahl der notwendigen und bestimmbaren Parameter vornehmen zu können. Die Auswahl eines Parameters ist ungenügend, wenn der Konzentrationsbereich nicht bekannt ist, innerhalb dessen die analytische Bestimmung erfolgen muß. Das ist insofern von Bedeutung, weil für Probenahmen und Analysen eines Stoffes im Milligrammbereich oft andere analytische Verfahren angewendet werden müssen als z. B. im Mikrogramm- oder Nanogrammbereich.

Die Konzentrationen der Wasserinhaltsstoffe, ausgenommen Spezialfälle, sind in Größenordnungen zwischen 10^1 und 10^{-9} g/l zu erwarten. Die Analyse von Wasserinhaltsstoffen, insbesondere von Schadstoffen im Wasser ist somit in den meisten Fällen mit einer Spurenanalyse identisch. Daraus ergeben sich besondere Anforderungen an die analytische Arbeit und den Analytiker.

Die Schwierigkeiten, mit der die chemische Wasseranalytik konfrontiert wird, sind trotz aller Bemühungen und unermüdlicher Kleinarbeit, trotz Einsatzes moderner instrumenteller Analysengeräte, nicht verringert worden, sondern haben sich durch die immer kompliziertere Wassersituation verstärkt. Kam man in der Vergangenheit damit aus, sogenannte Hauptkriterien der Wassergüte zu bestimmen, so muß jetzt und in der Zukunft vielen bisher für unbedeutend gehaltenen Wasserinhaltsstoffen eine wesentlich größere Aufmerksamkeit geschenkt werden.

Die Wasseranalytik hat gegenüber anderen Gebieten der chemischen Analytik den Nachteil, daß jedes zu untersuchende Wasser neue Probleme aufwerfen kann, weil sich u. a. die Zusammensetzung der Inhaltsstoffe in ihrer Art völlig geändert haben kann und damit nicht vorhergesehene Störungen bei der Analyse auftreten. Notwendige Bezugswässer zum Vergleich und zur Überprüfung von Befunden stehen meist nicht zur Verfügung, da die Wasserproben laufenden Veränderungen unterliegen. Bei dieser Situation muß der Wasseranalytiker selbst entscheiden, wie empfindlich seine Reaktionen sein müssen. Stets ist eine Steigerung der Empfindlichkeit mit einem erhöhten Arbeits- und Geräteaufwand verbunden. Forderungen, daß bestimmte Schadstoffe „nicht nachweisbar" sein dürfen, sollten zu Gunsten festgelegter Grenzwerte unterbleiben, da anderenfalls zwar unter großen Aufwand geringste Konzentrationen eines Stoffes festgestellt werden, die jedoch belanglos sind.

Für den Umfang der wasseranalytischen Arbeit kann kein starres Schema festgelegt werden. Je nach Nutzungsart des Wassers wird eine Anzahl von Kriterien immer zu bestimmen sein. Je nach der örtlichen Situation muß auf die Anwesenheit und Konzentration weiterer die Nutzung beeinträchtigende Stoffe geachtet werden.

Eine möglichst exakte Beurteilung der Wasserbeschaffenheit und die notwendige Vergleichbarkeit analytischen Datenmaterials setzt die Anwendung zuverlässiger und aussagekräftiger Analysenmethoden in allen Untersuchungsstellen voraus. Bei der Vielzahl von analytischen Verfahren ist es allerdings schwierig Regeln dafür aufzustellen, ob diese oder jene Methode für ein Problem geeignet ist, weil sowohl die eine als auch die andere Methode zu gleich guten Ergebnissen führen kann. Die Auswahl der für den gerade vorliegenden Zweck geeignetsten Methode erfordert viel Erfahrung und einen guten Überblick über deren Leistungsfähigkeit, ihre Vor- und Nachteile.

In der wasseranalytischen Praxis wurden diese Probleme bereits vor ca. 50 Jahren erkannt und eine Lösung derselben durch die Herausgabe von Standardmethoden [59], Einheitsverfahren [60] und „Ausgewählten Methoden" [61] angestrebt, um somit einem möglichst großen Anwenderkreis von den zahlreichen Analysenvorschriften die geeignetsten zu empfehlen. So wichtig und nützlich die Anwendung solcher Verfahren auch ist, so muß vor einer unkritischen Anwendung gewarnt werden. Allzu leicht neigt der Anwender von „Standardverfahren" dazu, diesen eine allgemeine Gültigkeit zuzuschreiben, eine Annahme, die im Falle der Untersuchung von Wasserinhaltsstoffen verschiedener Wasserarten zu fehlerhaften Ergebnissen führen kann. Stets müssen spezifische Störungen und andere Probleme berücksichtigt werden, eventuell durch Modifizierungen der Standardmethoden, um somit einer bestimmten Anwendung zu entsprechen.

Um einen Überblick über die chemisch-analytische Erfassung von Wasserinhaltsstoffen zu erhalten, sind verschiedene Wege gangbar, z. B. eine Darstellung nach Untersuchungsobjekten bzw. Wasserarten oder die Darstellung nach den angewandten Analysenmethoden.

Tabelle 11: Wichtige Parameter zur Beurteilung der Wassergüte

Geschmack	Calcium	Eisen	*BSB*
Geruch	Magnesium	Mangan	*CSV*-Cr
Farbe	Kohlensäure	Aluminium	*CSV*-Mn
Trübung	Sulfat	Kalium	*TOC*
pH	Chlorid	Natrium	Mineralöl
Leitfähigkeit	Ammoniak	Kupfer	Tenside
Temperatur	Nitrat	Zink	Phenole
Abdampfrückstand	Nitrit	Blei	Pesticide
Alkalität	Stickstoff (org.)	Cadmium	
Acidität	Phosphat	Chrom	
gelöster Sauerstoff-stoff	Phosphor (org.)	Quecksilber	
	Sulfid	weitere Spuren-elemente	
Chlor	Silicat		
	Fluorid	Radioaktivität	
	Cyanid		

In der Tab. 11 sind die wichtigsten Parameter aufgeführt, die zur Beurteilung der Wassergüte notwendig sind. Abgesehen von der Tatsache, daß in einem Abwasser völlig andere Konzentrationen der Wasserinhaltsstoffe zu erwarten sind als in einem Trinkwasser und somit vielfach verschiedene analytische Methoden zur Bestimmung eines Stoffes angewendet werden müssen, ist die Mehrzahl der zu bestimmenden Parameter zur Beurteilung unterschiedlicher Wasserarten identisch. Aus diesem Grund erfolgt in diesem Rahmen die Darstellung der chemisch-analytischen Erfassung von Wasserinhaltsstoffen nach den angewandten Methoden, allerdings getrennt nach anorganischen und organischen Wasserinhaltsstoffen, da

1. die Zahl der anorganischen Stoffe im Wasser überschaubar ist, die der organischen Verbindungen aber nicht,
2. sich in der anorganischen Wasseranalyse weniger neue analytische Probleme ergeben als bei der Analyse organischer Wasserinhaltsstoffe.

5.1. Ortsbesichtigung und Probenahme

Ohne eine Ortsbesichtigung ist die Beurteilung eines Wassers in vielen Fällen fragwürdig. Die Ortsbesichtigung ermöglicht Beobachtungen, wie Trübung,

Färbung, Ölfilm, Schaumbildung, Algenentwicklung und Ablagerungen im Wasser, die wichtige Hinweise für den Arbeitsplan zur Durchführung der Analyse ergeben.

Bei der Beurteilung von Trinkwasseranlagen werden durch die Ortsbesichtigung verschiedene Fakten ermittelt, die sich nach der Herkunft des Wassers richten. Handelt es sich um Oberflächengewässer, so muß Klarheit über deren Einzugsgebiet bestehen, speziell bei Fließgewässern müssen alle Einleiter bzw. Zuflüsse oberhalb der Entnahmestelle bekannt sein.

Bei Versorgung durch Brunnen und andere zentrale Wasserversorgungsanlagen sind u. a. Brunnentyp, Material der Rohrleitungen und baulicher Zustand festzustellen und entsprechend zu berücksichtigen.

Die Aussage von chemisch-analytischen Untersuchungen, repräsentiert durch Meßwerte, wird bereits von der Wahl des Probenahmeortes bestimmt. Deswegen ist eine richtige Auswahl der Probenahmestellen sehr wesentlich und setzt eine Situationsanalyse voraus. Bei Fließgewässern ist es wichtig, die Probenahmestelle innerhalb eines gegebenen Querschnittes festzulegen, wobei Fließverhalten und das Ausmaß der seitlichen Vermischung mit Einleitern von Bedeutung sind. Bei der Untersuchung stehender Gewässer sind besonders vorhandene Schichtungen im Wasserkörper zu berücksichtigen.

5.1.1. Probenahme

Die genauesten Analysenbefunde sind von begrenztem Wert, wenn die untersuchte Wasserprobe nicht repräsentativ ist. Sie muß also mit dem Wasser identisch sein, dem sie entnommen wurde, d. h., sie muß von gleicher physikochemischer Beschaffenheit sein. In diesem Zusammenhang muß auf die Häufigkeit der Probenahme hingewiesen werden, da bedingt durch den Ortswechsel, dem das Wasser in der Regel unterliegt, bei Wasseruntersuchungen die Beobachtung über einen Zeitraum für eine Beurteilung sehr wichtig ist.

Einmalige Probenahmen sind in den wenigsten Fällen aussagekräftig (z. B. bei verschiedenen Grundwässern), da die Wasserbeschaffenheit sowohl örtlich als zeitlich Veränderungen unterliegt. Besonders bei Fließgewässern ist es wichtig, je nach Strömungseigenschaften eines Wassers, entsprechende Probenahmestellen und die Häufigkeit der jeweiligen Probenahme festzulegen, um damit Quer- und Längsschnitte der Wasserbeschaffenheit zu erhalten. Die Meßhäufigkeit muß sich an jeder Probenahmestelle nach den Gegebenheiten und dem Ziele der Analyse richten, wobei Zuflüsse, Wehre, Brückenpfeiler, Abbaustrecken, Strömungsgeschwindigkeit und deren Veränderungen zu berücksichtigen sind. Zum Beispiel sollte bei einer Gewässerüberwachung unterhalb von Industriewerken die Meßhäufigkeit sehr groß sein, um unerlaubte Einleitungen von Abwässern schnell und sicher zu erfassen. Auch die Probenahme „mit der fließenden Welle" kann notwendig werden, wenn es interessiert, wie sich ein „Wasserkörper" im fließenden Wasser verändert.

Allgemein wird eine Probe dem obersten Drittel der Gesamttiefe des zu untersuchenden Gewässers entnommen. Das kann entweder auf einmal als Gesamtprobe oder in Einzelproben geschehen, um mit der daraus erhaltenen Mischprobe die mittlere Zusammensetzung des Wassers über einen bestimmten Zeitraum zu gewährleisten. Bei Mischproben muß u. a. beachtet werden, daß sie nicht länger als 24 Stunden aufbewahrt werden sollten, zumindest muß garantiert sein, daß sich die Probe während der Standzeit nicht wesentlich verändert.

Je nach der zu untersuchenden Wasserart (Fließgewässer, stehende Gewässer, Grundwässer, Wässer aus technischen Anlagen) sind Besonderheiten bei der Probenahme zu berücksichtigen. Das trifft besonders für die Ausrüstung zur Probenahme zu. Grundsätzlich muß mit äußerst sauberen Probenahmegefäßen gearbeitet werden. Stets ist zu überlegen, welche Wasserinhaltsstoffe untersucht werden sollen. Danach richtet sich, ob Glas- oder Plastegefäße verwendet werden.

5.2. Vorbehandlung der Wasserproben

Eine Besonderheit der wasseranalytischen Tätigkeit ergibt sich durch die Vielfältigkeit der Wasserinhaltsstoffe (Vorhandensein anorganischer und organischer Stoffe in verschiedenen Dispersionsgraden) und der Möglichkeit der Veränderung dieser Stoffe. Deshalb wäre es ideal, jeden Wasserinhaltsstoff an Ort und Stelle zu analysieren. Das ist in den wenigsten Fällen möglich. Für die folgenden Parameter ist eine solche Untersuchung jedoch unerläßlich: Temperatur von Luft und Wasser, pH-Wert, Sichttiefe, Trübung, Geruch und Geschmack, Farbe, Kohlendioxid, Chlor und Sauerstoff.

Weitere Untersuchungen bleiben dem Labor vorbehalten. Der damit verbundene Probentransport und die Probenaufbewahrung verursachen eine mehr oder weniger große zeitliche Verzögerung bis zum Beginn der analytischen Arbeiten. Um die dadurch verursachten Veränderungen der Wasserbeschaffenheit, ausgelöst durch physikalische, chemische und biologische Prozesse, gering zu halten oder zu verhindern, ist eine Probenkonservierung meistens unumgänglich. Weitere Vorbehandlungsschritte werden durch Inhomogenitäten in vielen Wasserproben notwendig. Hierzu gehören Trenn- und Aufschlußverfahren. Um besonders geringe Konzentrationen von Wasserinhaltsstoffen zu bestimmen, müssen außerdem häufig Anreicherungsverfahren angewendet werden. Jede Vorbehandlung einer Wasserprobe kann das Untersuchungsergebnis beeinflussen und muß deshalb im Ergebnisprotokoll vermerkt sein.

5.2.1. *Konservierung*

Universell einsetzbare Konservierungsmittel gibt es nicht. Je nach dem zu bestimmenden Wasserinhaltsstoff und der Wasserart ist eine entsprechende Konservierung vorzunehmen. Zu unterscheiden sind die klassischen chemischen Konservierungsmittel und die physikalischen Verfahren, z. B. Kühlung und Tiefgefrierung. Vielfach angewendete chemische Konservierungsmittel sind Mineralsäuren (Schwefelsäure), Laugen (Natronlauge), Quecksilber(II)-chloridlösung oder Chloroform. Der Zusatz solcher Chemikalien zu einer Wasserprobe kann zu Störungen bei der Analyse führen. Deshalb wird seit einigen Jahren im Zusammenhang mit der Weiterentwicklung der Kühltechnik oft die Kühlung (4 °C) oder das Einfrieren der Proben als Konservierungsverfahren angewendet. Trotzdem stellt die Auswahl der günstigsten Konservierung auch den erfahrenen Wasserchemiker vor neue Probleme, da sowohl die zu untersuchenden Wasserparameter als auch die Wasserart berücksichtigt werden müssen. Systematische Untersuchungen zu dieser Thematik, wie die von SCHLICHTING und WOLTER [62] und zusammenfassende Berichte [63, 64], sind wenig in der Literatur aufgeführt, da solche Untersuchungen zwar mühevoll und arbeitsaufwendig, aber wenig attraktiv sind.

Einige Konservierungsmittel für spezielle Untersuchungen haben sich seit langem bewährt. An erster Stelle ist die Bestimmung des im Wasser gelösten Sauerstoffs zu nennen.

Die Analytik gelöster Gase im Wasser bringt besondere Probleme mit sich, da bereits geringe Temperaturunterschiede und Turbulenz beträchtliche Änderungen des Gasgehaltes verursachen. WINKLER [65] ist es bereits 1888 gelungen, den gelösten Sauerstoff an Ort und Stelle zu fixieren. Zu diesem Zweck wird ein bestimmtes Volumen der zu untersuchenden Wasserprobe mit der Lösung eines zweiwertigen Mangansalzes ($MnCl_2$) und mit einer Lauge (NaOH), die zur störungsfreien späteren Durchführung der Analyse Kaliumiodid (KI) und Natriumacid (NaN_3) enthält, versetzt, luftdicht verschlossen und geschüttelt. Dabei entsteht ein weißer voluminöser Niederschlag von Mangan(II)-hydroxid, der durch gelösten Sauerstoff zu höherwertigen braun gefärbten Manganoxidhydraten oxydiert wird. Damit ist der gelöste Sauerstoff konserviert und die weitere Analyse kann zu einem späteren Zeitpunkt im Laboratorium durchgeführt werden.

Besonderheiten der Konservierung sind häufig bei wasseranalytischen Standardmethoden vermerkt.

5.2.2. *Trennverfahren*

Wesentlichen Einfluß auf die Analysenergebnisse haben vor der eigentlichen Untersuchung durchgeführte Trennverfahren. Der Wasseranalytiker muß je nach Aufgabenstellung entscheiden, ob nur gelöste Stoffe erfaßt werden sollen und Schwebstoffe vorher abgetrennt werden müssen. Grobe Sperrstoffe (Holzteilchen usw.) gehören grundsätzlich nicht zu einer Probe.

Wichtigste Trennverfahren sind das Sedimentieren, Filtrieren und Zentrifugieren. Am verbreitetsten ist das Filtrieren mit Papier-, Membranfiltern oder Glasfritten. Je nach Porenweite kann suspendiertes Material und ein Teil der Kolloide abgetrennt werden. Leider enthalten viele Filtermaterialien auch einige der zu bestimmenden Stoffe, z. B. Metalle. Das führt besonders bei spurenanalytischen Bestimmungen zu Störungen. Bei entsprechender Ausrüstung ist in solchen Fällen das Zentrifugieren zu empfehlen. Bei der Spurenanalyse von Metallen ist es oft notwendig sowohl die rohe, unbehandelte als auch die sedimentierte oder filtrierte Wasserprobe zu untersuchen, wobei auf die exakte Erfassung von Schwebstoffen zu achten ist, da dadurch der Gehalt des Rohwassers an Metallen stark beeinflußt wird [66]. Selbstverständlich muß eine solche Trennung sofort nach der Probenahme an Ort und Stelle erfolgen.

5.2.3. *Aufschlußverfahren*

Auch für diese in der Wasseranalytik oft notwendige Vorbehandlung der Proben kann kein allgemein gültiges Rezept gegeben werden, da die Wahl des Aufschlußverfahrens außer von dem nachzuweisenden Stoff von der Nachweismethode und der Zusammensetzung der Probe abhängt. Jedes Aufschlußverfahren hat die Aufgabe, den zu bestimmenden Stoff in eine zu analysierende Form zu bringen, die das entsprechende Analysenverfahren erfordert. Weiterhin dient das Aufschlußverfahren dazu, vorhandene Störstoffe zu beseitigen. Aufschlußverfahren werden vor allem bei der Bestimmung anorganischer Verbindungen eingesetzt. Zu unterscheiden ist zwischen Aufschlüssen gelöster Substanzen und partikulären Materials. Am verbreitetsten sind Naßoxydationen mit Hilfe von Wasserstoffperoxid (H_2O_2), Kaliumpermanganat ($KMnO_4$), Kaliumperoxydisulfat ($K_2S_2O_8$) oder das Erhitzen mit Mineralsäuren. Störende organische Stoffe werden meist durch Oxydation zerstört. Ohne die Anwendung der Aufschlußverfahren ist vielfach eine exakte Bestimmung anorganischer Stoffe, z. B. von Metallen, unmöglich, da sie nicht nur in ionischer Form im Wasser auftreten. Neben verschiedenen gelösten organischen Komplexen sind an Kolloiden oder suspendierten Stoffen adsorbierte Metallverbindungen zu berücksichtigen [67].

Die Anforderungen an ein Aufschlußverfahren und der dazu notwendige Aufwand steigen, je niedriger die Konzentrationen der zu bestimmenden Stoffe sind [68].

5.2.4. *Anreicherungsverfahren*

Eine große Anzahl der zu untersuchenden Wasserinhaltsstoffe sind, wie bereits erwähnt, in solchen geringen Konzentrationen vorhanden, daß sie erst nach erfolgter Anreicherung analytisch erfaßt werden können. Die deshalb notwendige Aufkonzentrierung aus einem größeren Probevolumen erfordert für den jeweiligen Zweck ganz bestimmte Anreicherungsverfahren. Wichtige Anreicherungsverfahren sind Adsorption, Eindampfen, Gefrieranreicherung und Extraktion.

— Adsorptionsverfahren eignen sich besonders für die Anreicherung organischer Wasserinhaltsstoffe. Vorzugsweise wird Aktivkohle verwendet, aber auch der Einsatz von Adsorberharzen ist möglich. Diese Verfahren zeichnen sich durch einen großen Anreicherungsgrad aus. Allerdings lassen sich nicht alle adsorbierten Substanzen eluieren. Auch lassen sich chemische Veränderungen der adsorbierten Stoffe oft nicht vermeiden.
— Ein relativ einfaches Verfahren ist das Anreichern durch Eindampfen. Mit Vakuum-Rotationsverdampfer kann das bei verhältnismäßig niedrigen Temperaturen schnell vor sich gehen. Diese Methode ist jedoch für flüchtige und zersetzbare Stoffe nicht einsetzbar.
— Dieser Nachteil wird durch das Anreichern durch Ausfrieren ausgeschaltet, da die Gefrieranreicherung bei Temperaturen unter 0 °C äußerst schonend verläuft. Wie beim Eindampfen sind bei diesem Vorgang die Wasserinhaltsstoffe noch nicht vom Wasser getrennt. Für eine weitere organische Analyse muß deshalb eine Isolierung der organischen Stoffe aus dem Wasser erfolgen.
— Als Anreicherungsverfahren wird häufig die Flüssig-Flüssig-Extraktion herangezogen. Auch hier steht die Anreicherung organischer Stoffe im Vordergrund. Durch günstige Wahl der Extraktionsmittel und die Einstellung eines bestimmten pH-Milieus kann eine solche Anreicherung selektiv gestaltet werden. Voraussetzungen sind die gute Löslichkeit des zu isolierenden Stoffes im Extraktionsmittel, das selbst im Wasser nicht löslich sein soll, und die Reinheit der zur Extraktion verwendeten Lösungsmittel.

Alle Vorbehandlungsverfahren, denen zu untersuchende Wasserproben unterworfen werden, stellen einen mehr oder weniger entscheidenden Eingriff für das entsprechende wäßrige System dar, dessen Auswirkungen bei der Auswertung der Meßergebnisse berücksichtigt werden müssen.

5.3. Hinweisuntersuchungen

Hierunter sollen Untersuchungen verstanden werden, die an Ort und Stelle ausgeführt werden und wichtige Hinweise für die weitere chemisch-analytische Erfassung und Beurteilung eines Wassers geben. Dazu gehören die Feststellung des Geruchs und Geschmacks, der Farbe, Trübung, Durchsichtigkeit und Sichttiefe.

5.3.1. Geruch und Geschmack

Die Prüfung von Geruch und Geschmack gehört zu den ersten Beurteilungskriterien eines Wassers in der Geschichte der Wasseruntersuchung, denn die Forderung, daß ein zu Genußzwecken verwendbares Wasser geruchlos und frei von jedem unangenehmen Beigeschmack sein muß, hat stets bestanden. Bei der organoleptischen Prüfung handelt es sich um eine möglichst objektive Kennzeichnung des Geruchs und Geschmacks einer Wasserprobe hinsichtlich ihrer Art und Intensität. Der Geruchssinn ist im Normalfall weitaus stärker entwickelt als der Geschmackssinn, wodurch die Geschmackswahrnehmung häufig beeinflußt wird. Die Geruchsprüfung muß deshalb vor der Geschmacksprüfung vorgenommen werden, letztere allerdings nur, wenn Infektions- oder Vergiftungsgefahr mit Sicherheit ausgeschlossen werden können.

Die qualitative Geruchs- und Geschmacksprüfung beschränkt sich auf die Bestimmung von Geruchs- und Geschmacksarten. In den wenigsten Fällen treten in der Praxis der Wasseruntersuchung eindeutig zu identifizierende Gerüche auf, vielmehr handelt es sich um Mischungen, die als erdig, faulig usw. (s. Tab. 12) bezeichnet werden und damit wertvolle Hinweise hinsichtlich der

Tabelle 12 Bezeichnung von Geruchs- und Geschmacksarten [61]

Geruch	Geschmack
ohne Geruch	ohne Besonderheit
erdig	süß
muffig	sauer
jauchig	salzig
faulig	bitter
fischig	erdig
nach chemischen Stoffen	muffig
(wie z. B. nach Chlor, Phenol,	fischig
Schwefelwasserstoff u. a.)	fade
anderweitig fremdartig	metallisch-adstringierend
	nach chemischen Stoffen (wie z. B. nach Chlor,
	Phenol u. a.) anderweitig fremdartig

Wasserqualität geben. Häufig können gewisse Geruchsklassen unterschieden werden, z. B. Gerüche natürlicher Herkunft (modrig, moorig), Fäulnis- und Gärungsgerüche, Gerüche nach chemischen Stoffen und nach Mineralölprodukten.

Eine quantitative Bestimmung des Geruchs und Geschmacks wird durch die Ermittlung der Schwellenwerte erreicht. Zu unterscheiden sind der Geruchsschwellenwert (*RS*) und die Geruchsschwellenkonzentration (*RSK*) bzw. der Geschmacksschwellenwert (*GS*) und die Geschmacksschwellenkonzentration (*GSK*).

Der Geruchsschwellenwert ist der Verdünnungsgrad der zu untersuchenden Wasserprobe mit geruchsfreiem Wasser, bei dem der Geruch gerade noch wahrnehmbar ist.

Der Vorteil der Bestimmung des Geruchsschwellenwertes ist die schnelle Ausführung, so daß nur wenige geruchsbildende Stoffe verloren gehen. Berechnet wird diese Größe aus dem Verhältnis des Gesamtvolumens an Untersuchungswasser und Verdünnungswasser zum Untersuchungswasser:

$$RS = \frac{V + V_v}{V}.$$

V — angewandtes Volumen des Untersuchungswassers in ml
V_v — angewandtes Volumen des Verdünnungswassers in ml

Die Geruchsschwellenkonzentration, angegeben in mg/l, ist die Konzentration eines Geruchsbildners, bei der der Geruch noch eben wahrnehmbar ist.

Zum Beispiel werden folgende Schwellenkonzentrationen angegeben [69]:

Benzin und Dieselkraftstoff	0,00005 mg/l
Ammoniak	0,037 mg/l
Schwefelwasserstoff	0,001 mg/l
Methylmercaptan	0,001 mg/l
Dimethylsulfid	0,001 mg/l

Für die Bestimmung des Geruchs- und Geschmacksschwellenwertes sind mindestens drei, am günstigsten zehn Personen heranzuziehen. Fachkräfte werden dabei nicht benötigt, notwendig sind Personen, die einen guten Geruchs- und Geschmackssinn haben. Mit dieser Prüfung sind leicht und schnell Konzentrationsbereiche erfaßbar, die mit anderen Methoden nur mit einem großen apparativen und zeitlichen Aufwand nachgewiesen werden können. Deshalb hat die Anwendung der organoleptischen Prüfung noch immer ihre Berechtigung [70—72].

5.3.2. Farbe

Reines Wasser ist farblos, bei großen Schichtdicken blau. Unter dem Kriterium „Farbe" bzw. „Färbung" eines Wassers wird die durch gelöste Stoffe hervorgerufene Farbe verstanden. Gelbliche bis braune Färbung können durch Huminstoffe, Eisen(III)- und Manganverbindungen und Abwässer verschiedener Art verursacht werden. Getrübte Wässer verfälschen den Farbton und müssen vorher filtriert oder zentrifugiert werden. Die beobachtete Farbe ist im Untersuchungsprotokoll zu beschreiben. Bei gelben bis roten Farbtönen kann die Wasserprobe mit Standardlösungen, z. B. aus Kaliumhexachloroplatinat und Cobalt(II)-chlorid, visuell verglichen oder photometrisch gemessen werden. Die Ergebnisse werden in mg/*l* Pt angegeben.

Zur Zeit sind Bemühungen im Gange, eine quantitative Kennzeichnung der Farbe von Gewässern durch eindeutige Zahlenwerte festzulegen und dazu den spektralen Absorptionskoeffizienten in bestimmten Wellenlängenbereichen zu ermitteln [73].

5.3.3. Trübung

Suspendierte Stoffe und Kolloide verursachen im Wasser eine Trübung. Es interessieren die Trübungserscheinungen als optisches Merkmal und die Menge der Stoffe, die die Trübung hervorrufen. Solche Stoffe sind neben Schlammteilchen vor allem Kieselsäure, Eisen- und Aluminiumhydroxide, aber auch Bakterien und Plankton.

Die Erfassung der Trübstoffe ist in einer Reihe von Fällen von einer Bedeutung, die über eine Hinweisuntersuchung hinausgeht. Das betrifft besonders die Trinkwasseraufbereitung, bei der es gilt, im Rohwasser befindliche Trübstoffe, an denen sich gern Krankheitskeime ansiedeln, durch Zusatz von Flockungsmitteln zu entfernen. Durch die Entwicklung von Trübungsmeßeinrichtungen kann die Trübung als Kriterium für die Kontrolle und Überwachung aufbereiteter Wässer eingesetzt werden. Für die Beurteilung von Oberflächenwasser und Abwasser gibt die Stärke der Trübung oft wichtige Anhaltspunkte.

Die quantitative Messung der Trübung erfolgt im visuellen oder photometrischen Vergleich mit einer Kieselsäure- bzw. Kaolinsuspension oder neuerdings immer häufiger mit der Formazinstandardsuspension [61].

Bei der photometrischen Messung hat sich wegen ihrer großen Empfindlichkeit die Streulichtmessung (Nephelometrie) durchgesetzt [74], insbesondere wenn es um geringe Trübungen geht, wie das bei aufbereiteten Wässern der Fall ist. Dabei erfolgt die Messung der Lichtstreuung, hervorgerufen durch die suspendierten und kolloiden Stoffe im Wasser, unter einem bestimmten Winkel zum eingestrahlten Licht. Im Gegensatz dazu, wird bei der Durchlichtmessung (Turbidimetrie) die Lichtdurchlässigkeit in Form einer scheinbaren Extinktion bestimmt.

Da die Trübung durch Teilchen verschiedener Größe und Form verursacht wird, ist deren Messung in den wenigsten Fällen als Absolutmessung zu werten. Ergebnisse von Trübungsmessungen können somit nicht ohne weiteres miteinander verglichen werden.

5.3.4. Durchsichtigkeit, Sichttiefe

Das Kriterium Durchsichtigkeit bezieht sich auf eine gezogene Wasserprobe, die Sichttiefe auf das zu untersuchende Oberflächengewässer selbst. Beide Größen sind von der Farbe und Trübung eines Wassers abhängig.

Zur Bestimmung der Durchsichtigkeit wird die Höhe der Wassersäule (in cm) festgestellt, bei der eine genormte Schriftprobe gerade noch lesbar ist. Eine mehrmalige Bestimmung ist notwendig, um daraus den Mittelwert zu bestimmen. Die Sichttiefe wird ermittelt, indem man eine weiße Scheibe von 20 cm Durchmesser oder Kantenlänge in das Gewässer versenkt. Die Wassertiefe, bei der diese Scheibe gerade noch sichtbar ist, ergibt den Meßwert.

5.4. Chemische Analyse anorganischer Wasserinhaltsstoffe

5.4.1. Klassische Methoden

Als „klassische Methoden" werden vor allem die Methoden der Gewichtsanalyse (Gravimetrie), der Maßanalyse (Titrimetrie) und der Kolorimetrie verstanden, die nach wie vor in der Wasseranalytik eine Rolle spielen.

Seit etwa Mitte des vorigen Jahrhunderts werden diese Methoden angewendet, um genau definierte Mengen von Wasserinhaltsstoffen analytisch zu bestimmen. Waren es zunächst Begriffe, wie Abdampfrückstand, dessen Glühverlust und der Glührückstand, die als Wassergüteparameter Verwendung fanden, so wurden im Laufe der Zeit immer mehr als unerwünscht und schädlich erkannte Inhaltsstoffe des Wassers mit Hilfe der genannten Methoden bestimmt.

5.4.1.1. Gravimetrie

Die Gravimetrie bedient sich der Massenbestimmung als physikalische Meßgröße, d. h. der durch Wägung gefundenen Stoffmenge. Während sich erste Wasseruntersuchungen fast ausschließlich auf gewichtsanalytische Bestimmungen beschränkten, werden heute mit dieser Methodik nur eine geringe Anzahl von Wassergüteparametern bestimmt und als Standardverfahren empfohlen. Das trifft insbesondere auf die Bestimmung der in einem Wasser vorhandenen gelösten und ungelösten Stoffe zu, wobei in besonderen Fällen zwischen anorganischen und organischen Wasserinhaltsstoffen (s. Abschn. 5.5.) unterschieden werden kann. Die Kenntnis des Abdampfrückstandes, der abfiltrierbaren Stoffe und des Glührückstands [61] können für die Beurteilung der Qualität eines Wassers von Bedeutung sein.

Die früher häufig verwendete gravimetrische Bestimmung der Natrium- und Magnesiumionen werden im modernen Wasserlabor ausschließlich mit anderen Methoden, z. B. das Natrium flammenphotometrisch und das Magnesium titrimetrisch oder beide mittels Atomabsorptionsspektroskopie, analysiert. Dagegen wird die Sulfatbestimmung von Fall zu Fall noch gravimetrisch durchgeführt.

Nicht unerwähnt bleiben soll, daß die Bestimmung des *CCE* (*C*arbon *C*hloroform *E*xtract) gravimetrisch erfolgt (s. Abschn. 5.5.1.5.).

5.4.1.2. Titrimetrie

Bei titrimetrischen Verfahren wird die Menge eines gelösten Reagenzes (Maßlösung) durch Volumenmessung ermittelt, die bei der Umsetzung mit dem zu bestimmenden Stoff verbraucht wird. Voraussetzung ist ein eindeutiger und quantitativer Verlauf der chemischen Reaktion.

Obwohl diese Methodik überwiegend bei der Bestimmung anorganischer Komponenten im Wasser Anwendung findet, diente eine der ersten maßanalytischen Bestimmungsverfahren in der Wasseranalytik der Bestimmung organischer Stoffe. Bereits 1849 soll FORCHAMER [75] die Arbeitsvorschrift einer Analysenmethode zur Erfassung oxydierbarer organischer Wasserinhaltsstoffe mittels $KMnO_4$ (s. Abschn. 5.5.1.2.1.) entwickelt haben.

Je nach Reaktionstyp wird in der Titrimetrie zwischen Ionenkombinations- und Redoxtitrationen unterschieden. Zu den Ionenkombinationstitrationen gehören Neutralisations-, Fällungs- und Komplextitrationen.

Insbesondere folgende Parameter werden titrimetrisch bestimmt: Kohlensäure, Ammoniak, Basen- und Säureverbrauch durch Neutralisationstitrationen, Chlorid- und Cyanidionen durch Fällungstitrationen, Härte, Calcium-, Magnesium-, Eisen- und Sulfationen mittels Komplextitrationen und Ozon, gelöster Sauerstoff, Sulfid-, Sulfitionen und chemischer Sauerstoffverbrauch mit Hilfe der Redoxtitration.

Wegen des geringen Zeitbedarfs, des geringen Geräteaufwands und der verhältnismäßig hohen Präzision der Titrimetrie wird diese Methode für die Mehrzahl der genannten Wassergüteparameter weiterhin das am meisten angewandte Bestimmungsverfahren sein.

5.4.1.3. Kolorimetrie

Kolorimetrische und die sich später entwickelten photometrischen Analysenverfahren (s. Abschn. 5.4.2.1.) haben in der Wasseranalytik große Bedeutung erlangt. Es war die Trinkwasseranalyse, die den ersten Anlaß zur Entwicklung von Methoden zur analytischen Bestimmung von Substanzen in kleinen Konzentrationen gegeben hat, zu denen die ersten kolorimetrischen Verfahren gehörten.

Die Intensität einer für eine bestimmte Substanz charakteristischen Farbe, die in den meisten Fällen durch eine spezifische Reaktion hervorgerufen wird, dient dabei als Meßgröße. Werden diese Farbmessungen visuell durch Vergleich der zu bestimmenden Probe mit entsprechenden in den Konzentrationen abgestuften Modellösungen (Farbreihe) oder Farbscheiben durchgeführt, so handelt es sich um ein kolorimetrisches Verfahren. Auch durch Veränderungen der Schichtdicken der Vergleichslösung (HEHNER-Zylinder) kann die unbekannte Konzentration der Wasserprobe erhalten werden.

Der visuelle Farbvergleich wird allerdings nur noch vereinzelt zur Erfassung von Wasserparametern angewandt. In den meisten Fällen werden bevorzugt photometrische Methoden eingesetzt. Visuelle Farbvergleiche im Kolorimeterrohr werden weiterhin zur Feststellung der Farbintensität eines Wassers empfohlen und eventuell zur Bestimmung des wirksamen Chlors im Wasser. Die früher häufig kolorimetrisch mit Vergleichsreihen durchgeführten Bestimmungen des pH-Wertes und des Eisens sollten der Vergangenheit angehören.

5.4.2. *Instrumentelle Methoden*

In zunehmenden Maße werden chemische Analysen mit Hilfe physikalisch-chemischer und physikalischer Meßmethoden gelöst. Dieser Trend ist auch in der Wasseranalytik nicht zu übersehen und macht sich im geänderten Aussehen und erhöhten Aufwand eines wasseranalytischen Labors bemerkbar. Die technische Entwicklung instrumenteller Meßmethoden erfolgt heute so schnell und mit solchen verschiedenartigen Mitteln, daß sich in diesem Rahmen kein umfassender Überblick geben läßt. Aus diesem Grund sollen vor allen Dingen Methoden aufgeführt werden, die sich in der Wasseranalytik bewährt und breite Anwendung gefunden haben, aber auch moderne Methoden, deren Einführung bei den gestiegenen Anforderungen an die Wasseranalytik immer mehr zur Notwendigkeit werden. Dabei ist es sinnvoll, wenn in diesem Kapitel Methoden abgehandelt werden, die vorwiegend der Bestimmung anorganischer Komponenten im Wasser dienen, während im Abschn. 5.5. Methoden Beachtung finden, die sich für die Bestimmung organischer Wasserinhaltsstoffe als günstig erwiesen haben.

Unter dem Begriff Instrumentation soll im folgenden die Erzeugung und Übertragung von Meßdaten verstanden werden, also z. B. die Erzeugung eines elektrischen Signals durch einen Meßvorgang und die Übertragung des Signals auf einen Schreiber.

5.4.2.1. *Photometrie*

Nicht immer werden die Begriffe Kolorimetrie und Photometrie streng unterschieden. Zum Beispiel läßt sich aus den Handelsbezeichnungen „Kolorimeter“ und „Photometer“ nicht eindeutig entnehmen, nach welchem Meßprinzip das betreffende Gerät arbeitet. Erfolgt die Konzentrationsbestimmung einer Lösung durch Messung der Extinktion bei einer feststehenden Wellenlänge, so handelt es sich um eine photometrische Methode. Die Photometrie (Strahlenmessung) gehört zu der in der Wasseranalytik am häufigsten angewendeten Methode, da sich mit ihrer Hilfe wichtige Wassergüteparameter schnell und mit großer Empfindlichkeit bestimmen lassen.

Aus der Größe der Lichtschwächung, die monochromatisches Licht beim Durchgang durch die gefärbte Probelösung erfährt, kann die Konzentration des gelösten Stoffes erhalten werden. Als Maß für die Lichtschwächung wird sowohl der prozentuale Durchlaßgrad D (Transmissionsgrad) als auch die Extinktion gemessen:

$$D = \frac{I \cdot 100}{I_0}.$$

I_0 — Intensität des durch die Lösung tretenden monochromatischen Lichtes bestimmter Wellenlänge
I — Intensität des austretenden Lichtes

Die Durchlässigkeit D steht nach dem LAMBERTschen Gesetz mit der Extinktion E in folgendem Zusammenhang:

$$E = \log \frac{100}{D} = K \cdot d.$$

Die Extinktion ist somit einer Konstanten K, dem sogenannten dekadischen Extinktionsmodul, und der in cm gemessenen Schichtdicke d proportional. BEER fand die Gesetzmäßigkeit, daß K der Konzentration des absorbierenden Stoffes proportional ist. Die dadurch erhaltene Beziehung

$$E = \varepsilon \cdot c \cdot d$$

wird als LAMBERT-BEERsches Gesetz bezeichnet, wobei ε der dekadische Extinktionskoeffizient ist.

Sowohl bei kolorimetrischen als auch bei photometrischen Bestimmungen muß vorausgesetzt werden, daß die zu untersuchenden Wasserproben vollständig klar sind. Feinste Trübungen täuschen stärkere Färbungen vor. Bereits Filterpapierfasern können zu Störungen führen. Auch muß die Eigenfärbung des Untersuchungswassers beachtet werden.

Aus diesen angedeuteten Fehlerquellen wird ersichtlich, daß der Einsatz instrumenteller Methoden grundsätzlich eine spezielle methodische Vorbereitung verlangt, vor allem eingehende Kenntnisse über Meßprinzip, Funktion und Handhabung der zum Einsatz kommenden Analysengeräte. Nur dann können folgenschwere Fehlmessungen ausgeschlossen werden.

Zu den Parametern, die vorwiegend photometrisch bestimmt werden, gehören Trübung, Chlor, Aluminium, Nitrat, Nitrit, Phosphat, Silicat und Sulfid, von den organischen Stoffen insbesondere Phenole und anionenaktive Tenside. Metalle, wie Blei, Cobalt, Nickel, Zink, Cadmium, Kupfer und Chrom, die früher häufig photometrisch erfaßt wurden, werden heute fast ausschließlich mittels Atomabsorptionsspektroskopie analysiert.

5.4.2.2. *Elektrochemische Methoden*

Elektrochemische Reaktionen beruhen auf Elektrodenreaktionen. Aus den daraus instrumentell gewonnenen Meßgrößen lassen sich analytische Informationen über Stoffgruppen und Einzelstoffe erhalten. Diese Methoden zeichnen sich durch hohe Genauigkeit aus und eignen sich besonders für eine Automatisierung, da die Elektroden direkt in das zu untersuchende Medium eingeführt oder in einer Vorrichtung untergebracht werden können, der der Meßstoff kontinuierlich zufließt.

In der Wasseranalyse werden bevorzugt die Potentiometrie, die Konduktometrie, die Amperometrie und die Polarografie angewendet.

5.4.2.2.1. *Potentiometrie*

Die Potentiometrie ist die in der Wasseranalyse am häufigsten angewendete elektrochemische Methode. Ausschlaggebend für potentiometrische Messungen ist das elektrochemische Potential, das durch ein in Form einer Meßkette ausgebildetes chemisches System abgegeben wird. Um eine funktionelle Abhängigkeit zwischen gemessenem Potential und chemischem Parameter herzustellen, wurden unter großen Bemühungen Meßelektroden konstruiert, die eine hohe Selektivität der Messungen gewährleisten. Das ist zweifellos bei der Bestimmung der Wasserstoffionenaktivität am besten gelungen, so daß z. Z. die Messung des pH-Wertes das Hauptanwendungsgebiet der Potentiometrie ist. Der große Vorteil jeglicher potentiometrischer Messung liegt in ihrer Strömungsunabhängigkeit und in ihrer Eignung für eine Automatisierung.

5.4.2.2.1.1. *pH-Messung*

Die Messung des pH-Wertes wird fast ausschließlich mit einer Glaselektrodenmeßkette ausgeführt, die aus einer Glaselektrode als Meßelektrode und einer Bezugselektrode mit konstantem Potential besteht. Für letztere haben sich die Kalomel- und Silberchloridelektroden durchgesetzt.

Die durch eine ca. 0,1 bis 0,2 mm starke Glasmembran (Elektrodenglas spezieller Zusammensetzung) getrennten Lösungen unterschiedlicher Wasserstoffionenaktivität erzeugen eine Potentialdifferenz E, die der pH-Differenz beider Lösungen proportional ist. Quantitativ wird dieser Zusammenhang durch die NERNSTsche Gleichung ausgedrückt:

$$E = E_0 + \frac{RT}{nF} \ln \frac{a_1}{a_2} . \qquad (1)$$

E_0 — Standardpotential
R — allgemeine Gaskonstante
F — FARADAYsche Konstante
n — Ladung der Ionen
T — absolute Temperatur
a_1, a_2 — Wasserstoffionenaktivität der Bezugs- und Meßlösung

Bei bekannter, konstanter Wasserstoffionenaktivität bzw. bekanntem pH-Wert einer Lösung, die sich in der meistens als Kugel ausgebildeten Glaselektrode befindet, läßt sich der pH-Wert der zu bestimmenden Lösung durch Messung von E erhalten. Als bekannte Innenlösung werden Pufferlösungen verwendet, die eine konstante Wasserstoffionenaktivität garantieren (vielfach Hydrogenphosphat-Pufferlösungen mit pH 7,0 oder pH 4,6).

Sofern die Gesamtionenkonzentration unter 10^{-2} mol/l bleibt, ist die Wasserstoffionenaktivität mit der Wasserstoffionenkonzentration identisch.

Über theoretische Fragen der pH-Messung wird auf die angegebene Literatur verwiesen. Doch sollen einige Bemerkungen in Hinblick auf die Anwendung gemacht werden.

Jeder Einsatz einer pH-Meßanordnung erfordert eine chemische Beurteilung des zu untersuchenden Mediums, die Auskunft über den pH- und Temperaturbereich geben muß, in welchem die Messungen durchgeführt werden sollen, um die geeignetsten Elektroden auswählen zu können.

Da die pH-Messung verhältnismäßig einfach mit modernen Meßgeräten ausgeführt werden kann, besteht die Gefahr, daß durch ungenügende Kenntnis einfacher physikalisch-chemischer Grundlagen Fehlmessungen zustande kommen, die dann als sichere Meßwerte gelten. Diese Problematik trifft auf viele moderne instrumentelle Methoden zu, ist aber bei der pH-Messung infolge ihrer großen Anwendungsbreite besonders häufig. Hauptfehlerquellen sind dabei die falsche Behandlung und mangelhafte Wartung der Glaselektroden. Aus diesem Grund soll auf einige damit im Zusammenhang stehende Probleme eingegangen werden:

— Neue und trocken gelagerte Glaselektroden müssen, wenn vom Hersteller nicht anders angegeben, vor der Benutzung mehrere Tage in Wasser getaucht quellen, bis sie keinen Potentialgang mehr zeigen. Falls die Meßapparatur nur hin und wieder benutzt wird, soll sich zwischenzeitlich der Meßteil der Elektrode stets unter Wasser befinden.

Warum ist das so wichtig?

Die Glaselektrode unterscheidet sich grundsätzlich von anderen Elektroden, da sie infolge ihres Aufbaues eine elektrische Kette darstellt, die verwendete Bezugselektrode allein der Potentialableitung dient und da es sich bei dem potentialbestimmenden Prozeß sicherlich um einen Diffusions- bzw. Phasengrenzvorgang handelt.

- Bei der Einwirkung wäßriger Lösungen auf Glas wird eine Hydrolyse der Silicate eingeleitet. Metallkationen, vor allem Natriumionen werden dabei durch Wasserstoffionen ausgetauscht, wodurch sich an der Glasoberfläche ein gequollenes Kieselsäuregel ausbildet. Dieses ist der Sitz der Potentialbildung. Erst nach Ausbildung einer solchen Schicht und Einstellung des Gleichgewichtes bei dem Kationenaustausch wird die Glaselektrode überhaupt erst meßfähig.
- Die Dauer des notwendigen Wässerns ist von der Glasart und den Wanddicken der Glaselektroden abhängig. Bei dicken Membranen und schwer angreifbaren Glassorten ist eine Quelldauer von mindestens einer Woche keine Seltenheit.
- Nach erfolgten Messungen ist von großer Wichtigkeit, die Glaselektrode im Wasser zu spülen und eingetaucht aufzubewahren, da bei längerem Stehen im trockenen Zustand die Elektrodenfunktion zerstört wird, d. h. keine lineare Potentialänderung mit dem pH-Wert mehr besteht. Dies wird häufig nicht beachtet und man schwört auf den gemessenen pH-Wert, obwohl in diesem Falle eine Messung mit pH-Papier genauer wäre.
- Längere Einwirkungen von stark alkalischen Lösungen und Flußsäure führen gleichfalls zu irreversiblen Veränderungen der Kieselsäure des Glases. Messungen im stark alkalischen Milieu (pH $>$ 9) müssen deshalb schnell ausgeführt werden, wenn keine Spezial-Glaselektroden für solche Fälle vorhanden sind.
- Die Benutzungsdauer jeder Glaselektrode ist begrenzt (vielfach auf 2 Jahre), da die gesamten Ionenaustauschprozesse auch bei ausgebildeter Kieselgelschicht langsam weiter fortschreiten. Dieser Vorgang wird durch erhöhte Temperaturen noch verstärkt, so daß normale Glaselektroden im Dauerbetrieb nicht über 60 °C verwendet werden können.
- Besonders stark wird die Empfindlichkeit von Glaselektroden durch ölige Substanzen beeinträchtigt, wodurch eine kontinuierliche pH-Messung in Flüssen und Abwässern zu Schwierigkeiten führt. Bei sachgemäßer Behandlung der Glaselektroden eignet sich die pH-Messung ausgezeichnet für eine kontinuierliche Meßanordnung, sie ist eine unentbehrliche Kontrollmaßnahme bei der Trinkwasseraufbereitung, bei der Abwasserbehandlung und bei der Gewässerüberwachung, da sowohl im Trinkwasser als auch im Gewässer be-

stimmte vorgegebene pH-Werte eingehalten werden müssen. Ein pH-Wert unter dem Neutralpunkt deutet z. B. bei einem Trinkwasser auf freie Kohlensäure hin, die auf Grund ihrer Aggressivität unerwünscht ist. Aber auch bei den verschiedenen Trinkwasseraufbereitungsprozessen ist eine genaue Einstellung des pH-Wertes Voraussetzung für eine optimale chemische Aufbereitung. Das gilt im gleichen Maße für die Abwasserbehandlung, da stark saure Abwässer u. a. Schäden an Betonbauwerken verursachen und außerdem zu nicht vorhergesehenen Reaktionen mit anderen Wasserinhaltsstoffen (Gasbildung) führen können. Im Gewässer verursachen pH-Werte, die nicht innerhalb 6,5 und 8,5 liegen, Störungen bei der Selbstreinigung.

Weiterführende Literatur siehe [76].

5.4.2.2.1.2. *Ionenselektive Elektroden*

Die direkte potentiometrische Konzentrationsbestimmung bestimmter Ionen mit Hilfe selektiver Elektroden ist seit ca. 25 Jahren in steter Weiterentwicklung begriffen. Das trifft insbesondere auf die sogenannten Membranelektroden zu, Elektroden, die im Prinzip wie pH-Glaselektroden aufgebaut sind, d. h. bei denen die Innenseite einer Membran mit einer Lösung bekannter Zusammensetzung in Berührung steht, in die eine Elektrode eintaucht, während die Außenseite der Membran in die zu messende Lösung mit der Bezugselektrode gebracht wird. Verwendung finden neben Glasmembranen heterogene Membranen, bei denen eine spezifisch ionenleitende Substanz in Silikonkautschuk oder einen anderen Kunststoff eingebettet ist, weiterhin Ionenaustauscher — Elektroden, bei denen sich ein flüssiger Ionenaustauscher innerhalb einer porösen Membran befindet.

Eine spezielle Entwicklung stellen die Festkörperelektroden (solid-state-Elektroden) dar. Hier ist die ionenselektive Membran durch einen kristallinen Festkörper ersetzt, der bei einer fluoridselektiven Elektrode im wesentlichen aus einem Kristall aus Lanthanfluorid besteht. Andere Festkörperelektroden dienen der Bestimmung von Chlorid, Bromid, Iodid und Sulfid. Sie eignen sich gut für eine Anwendung in der Wasserpraxis, da sie verhältnismäßig robust und widerstandsfähig sind und gegenüber Redoxsystemen keine Querempfindlichkeit zeigen. Von einer Querempfindlichkeit wird gesprochen, wenn eine Elektrode nicht ionenselektiv ist, sondern auch auf die Aktivierungsänderungen mehrerer Ionen anspricht. Die NERNSTsche Gleichung (1) muß dementsprechend verändert werden:

$$E = E_0 + \frac{RT}{nF} \ln a_i + k a_i' . \qquad (2)$$

a_i — Aktivität der zu bestimmenden Ionen
a_i' — Aktivität der Ionenart, der gegenüber die Elektrode eine Querempfindlichkeit aufweist
k — Selektivitätskonstante

Die Selektivitätskonstante ist somit ein quantitatives Maß für die Querempfindlichkeit. Je geringer sie ist, um so größer ist die Selektivität einer Elektrode für eine bestimmte Ionenart.

Sicher ist es eine bestechende Vorstellung, durch die Verwendung ionenselektiver Elektroden die Konzentrationen ausgewählter Ionen im Wasser schnell zu messen und auf zeitaufwendigere klassische chemische Methoden verzichten zu können. Leider ist diese Möglichkeit der direkten Messung der zu untersuchenden Ionen bei Vorhandensein anderer Wasserinhaltsstoffe und ohne Abtrennung letzterer in der Wasserpraxis nicht so ideal wie oftmals angenommen wird. Gerade die Anwendung ionenselektiver Elektroden setzt eine Reihe von Fachkenntnissen voraus. Anderenfalls sind Fehlmessungen die Regel. Begriffe wie Steilheit, Linearität, Meßbereich, Eichkonstanz, Lebensdauer, Anströmgeschwindigkeit, Querempfindlichkeit, Ansprechbarkeit (response time) und Lichtempfindlichkeit ionenselektiver Elektroden müssen bekannt und ihrer Bedeutung entsprechend Beachtung finden.

Tabelle 13: Ionensensitive Elektroden, die in der Wasserpraxis Anwendung finden [77]

	Typ	Meßbereich (M/l)	prakt. Nachweisgrenze (mg/l)
Ammoniak	Gaselektrode	$10^0 - 10^{-6}$	0,02
Blei	Festkörperelektrode	$10^0 - 10^{-7}$	0,20
Cadmium	Festkörperelektrode	$10^0 - 10^{-7}$	0,02
Calcium	Flüssigelektrode	$10^0 - 10^{-5}$	0,5
Chlorid	Flüss./Festk.	$10^0 - 10^{-5}$	1,0
Cyanid	Festkörperelektrode	$10^{-2} - 10^{-6}$	0,06
Fluorid	Festkörperelektrode	$10^0 - 10^{-6}$	0,05
Kalium	Flüssigelektrode	$10^0 - 10^{-5}$	0,5
Kupfer	Festkörperelektrode	$10^0 - 10^{-7}$	0,05
Natrium	Festkörperelektrode	$10^0 - 10^{-6}$	0,01
Nitrat	Flüssigelektrode	$10^{-1} - 10^{-5}$	0,60
Sulfid	Festkörperelektrode	$10^0 - 10^{-7}$	0,10
Wasserhärte	Flüssigelektrode	$10^0 - 10^{-8}$	0,01

Grundsätzlich will der Anwender von ionenselektiven Elektroden Ionenkonzentrationen messen, mißt aber in Wirklichkeit Ionenaktivitäten. Durch einen Kunstgriff kann diese Schwierigkeit überwunden werden. Die Aktivität eines Ions ist nämlich von der Gesamtaktivität aller in einer Lösung befindlichen Ionen abhängig. Gelingt es, durch Zugabe von Fremdionen eine so hohe Ionenaktivität zu schaffen, daß der Aktivitätkoeffizient praktisch konstant ist, dann zeigt die Elektrode Konzentrationsunterschiede an, die durch das zu bestimmende Ion hervorgerufen werden. Der Zusatz eines solchen „Puffers" (*T*otal *I*onic *S*trength *A*djustment *B*uffer — *TISAB*), der gleichzeitig für die betreffende Elektrode ein pH-Optimum gewährleisten soll, bringt einige Schwierigkeiten mit sich, da es einen Universalpuffer nicht gibt und bei kontinuierlichen Messungen große Mengen eines solchen Puffers benötigt werden.

Empfehlenswert ist deshalb bei der Verwendung ionenselektiver Elektroden die Messung niedriger Ionenkonzentrationen.

Von der großen Anzahl verschiedener ionenselektiver Elektroden, die durch eine Reihe von Herstellern angeboten werden, haben nur wenige einen solchen Reifegrad erreicht, daß sie bedenkenlos und ohne Einschränkung zur Bestimmung von Wasserinhaltsstoffen eingesetzt werden können. In Tab. 13 sind Wasserinhaltsstoffe aufgeführt, deren Bestimmung mit ionenselektiven Elektroden in der Wasserpraxis gut möglich ist.

Weiterführende Literatur siehe [78—85].

5.4.2.2.2. Konduktometrie

Unter Konduktometrie wird die Messung der Leitfähigkeit verstanden. Diese beruht im Wasser auf der Anwesenheit von Ionen, die bei der elektrolytischen Dissoziation sogenannter Elektrolyte, das sind Basen, Säuren und Salze, entstehen. Werden zwei metallische Elektroden in eine solche Elektrolytlösung getaucht und eine konstante Spannung angelegt, so ist die Stromstärke der Leitfähigkeit der Lösung proportional. Gemessen wird der Widerstand der Lösung mit einer einfachen WHEATSTONEschen Brücken-Meßanordnung.

Als Dimension der Leitfähigkeit wird in der Wasseranalytik $\mu S\ cm^{-1}$ (Mikro-Siemens pro Zentimeter) verwendet. Die Einführung der SI-Einheiten (s. Abschn. 6.1.) erfordert die Angabe $S \cdot m \cdot m^{-2}$ (Siemens mal Meter pro Quadratmeter) bzw. $S \cdot m^{-1}$. Für die Wasseranalytik wird die Dimension $mS \cdot m^{-1}$ (Milli-Siemens pro Meter) vorgeschlagen: $1\ \mu S\ cm^{-1} = 0{,}1\ mS\ m^{-1}$.

Die Leitfähigkeitsmessung ist eine typische Summenbestimmungsmethode, die einmal von der Konzentration, dem Dissoziationsgrad der Elektrolyte, der elektrochemischen Wertigkeit der Ionen, deren Wanderungsgeschwindigkeit und zum anderen von der Temperatur der Lösung abhängt. Aussagen über die Art der Elektrolyten im untersuchten Wasser können im Normalfall nicht getroffen werden, doch gibt die elektrolytische Leitfähigkeit Auskunft über die Konzentration der im Wasser gelösten dissoziierten Stoffe, die in den meisten Fällen mit dem Salzgehalt identisch ist.

Von Fall zu Fall lassen sich für Fließgewässer zeitabhängig Konzentrationen einzelner Ionen aus dem Meßwert der Leitfähigkeit über einen mathematischen Ansatz ableiten [86].

Leitfähigkeitsmeßeinrichtungen sind apparativ einfach aufgebaut, sie setzen sich aus Meßzelle, Temperaturkompensationsvorrichtung, Verstärker und Registriergerät zusammen.

Wichtige Anwendungsgebiete der Leitfähigkeitsmessung in der Wasserpraxis sind Kontrollmaßnahmen bei Wasserreinigungsanlagen (entionisiertes Wasser) und die Überwachung von Kesselspeisewasser. Die Messung ist in diesen Fällen, d. h. bei geringen Elektrolytgehalten, meistens problemlos. Anders ist das bei Messung der Leitfähigkeit in Fluß- und Abwässern, bei denen die Kenntnis des Salzgehaltes, insbesondere eintretende Schwankungen, von Bedeutung ist. Hier kommt es durch verschmutztes Wasser beim direkten Kontakt mit den Meßelektroden zu Stoffablagerungen und damit zu Fehlmessungen. Abhilfe schaffen Meßanordnung, bei der an die Elektroden eine geringe konstante Spannung gelegt wird, zu messenden Lösung bestehen [87].

5.4.2.2.3. *Amperometrie*

Auch die Amperometrie beruht auf Elektrodenreaktionen. Auf Grund der Meßanordnung, bei der an die Elektroden eine geringe konstante Spannung gelegt wird, kann der Diffusionsstrom gemessen werden. Dieser ist der Konzentration eines elektrolytisch reduzierbaren oder oxydierbaren Stoffes proportional, weshalb sich mit amperometrischen Verfahren Redoxreaktionen verfolgen lassen. In der Wasseranalytik ist die Amperometrie insbesondere zur Messung des im Wasser gelösten Sauerstoffs eingesetzt worden. Dabei werden eine polarisierbare Elektrode, z. B. Gold oder Platin, als Katode und eine unpolarisierbare Elektrode, z. B. Zink oder Silber, als Anode, die mit einem Leitelektrolyten verbunden sind (Kaliumhydroxid oder Kaliumchlorid) in die zu messende Lösung gebracht. Bei Anlegen einer konstanten Polarisationsspannung, die so gewählt werden muß, daß die Reduktion des Sauerstoffs möglich ist, der Leitelektrolyt sich dabei aber nicht zersetzt, wird durch die an der Katode zum Sauerstoff übergehenden Elektronen ein Stromfluß erzeugt, der der Sauerstoffkonzentration der Lösung proportional ist. Auf Grund der groß gewählten Elektrodenoberfläche der Anode wird ihr Potential nicht beeinflußt.

Sehr bald zeigte sich jedoch bei der Messung des gelösten Sauerstoffs im Wasser, daß durch den direkten Kontakt der Elektroden mit der Probelösung darin befindliche Ionen reduziert werden können und somit Fehlmessungen zustande kommen. Abhilfe wurde durch die Elektrode nach Clark geschaffen, nach deren Prinzip die membranbedeckten Elektroden zur Sauerstoffmessung arbeiten. Entscheidend ist, wie das der Name bereits ausdrückt, eine ausschließlich gasdurchlässige Polyethylenmembran, die die in einer Meßzelle befindlichen zwei Elektroden samt Leitelektrolyt vom zu messenden Medium trennt und den Einfluß störender Fremdionen verhindert.

Bei konstanter Katodenoberfläche, Membrandicke, Elektrolytkonzentration, Temperatur und einer Mindestanströmgeschwindigkeit ist der Stromfluß dem gelösten Sauerstoff in der Meßlösung proportional. Da sowohl die Löslichkeit des Sauerstoffs im Wasser als auch dessen Diffusion durch die Membran temperaturabhängig ist, sind moderne Sauerstoffmeßgeräte mit einer automatischen Temperaturkompensationseinrichtung versehen.

Bei Einsatz eines Sauerstoffmeßgerätes ist weiterhin die Strömungsgeschwindigkeit der Meßlösung an die Elektrode, die ca. 0,5 m/s betragen muß und von Katodenoberfläche und Membrandicke abhängt, zu gewährleisten, um damit eine optimale Diffusion des Sauerstoffs durch die Membrane zu erreichen.

Im Gegensatz zu den Glaselektroden ist eine Aufbewahrung der membranbedeckten Elektroden an der Luft möglich, selbstverständlich sind mechanische Beschädigungen zu vermeiden. Eine notwendige Elektrodenregeneration kann meistens ohne große Schwierigkeiten selbst vorgenommen werden. Das betrifft auch das Aufziehen einer neuen Membran.

Die amperometrische Sauerstoffmessung eignet sich ausgezeichnet für kontinuierliche Messungen in Seen und Flüssen, aber auch bei der Prozeßüberwachung von Abwasserbehandlungsanlagen, insbesondere biologisch arbeitenden Verfahren.

Weiterführende Literatur siehe [88].

5.4.2.2.4. Polarografie

Die Polarografie unterscheidet sich von amperometrischen Verfahren dadurch, daß nicht mit konstanter Spannung gearbeitet wird, sondern unter Verwendung von Quecksilber-Tropfelektroden aus Strom-Spannungs-Kurven Art und Menge von Depolarisatoren ermittelt werden können.

Im Hinblick auf Verbesserung der Selektivität, der Empfindlichkeit, Schnelligkeit und Reproduzierbarkeit sind eine verhältnismäßig große Anzahl von Methoden der Gleich- und Wechselspannungspolarografie entwickelt worden [89—93].

Polarografische Methoden eignen sich für die Bestimmung von Metallionen, auf Grund der großen Empfindlichkeit der Methoden insbesondere für die Spurenmetallbestimmung im Wasser [61, 93]. Ein Vorteil dieser Methoden ist die Möglichkeit der Erfassung mehrerer Metalle in einem Arbeitsgang. Hervorzuheben sind auch die geringen Anschaffungskosten, die für einen Polarografen benötigt werden. Trotzdem ist eine große Verbreitung polarografischer Methoden in der Wasseranalytik nicht zu erwarten, da die kostenaufwendigere, aber äußerst rationell arbeitende Atomabsorptionsspektroskopie sich immer mehr durchgesetzt hat.

Allerdings ist nicht zu übersehen, daß durch die Weiterentwicklung der Voltammetrie ein Verfahren zur Verfügung steht, das in einigen Belangen der Atomabsorptionsspektroskopie überlegen ist. Unter Voltammetrie sollen Methoden verstanden werden, die mit anderen Elektroden als der tropfenden Quecksilberelektrode [94] arbeiten, z. B. mit verschieden ausgeführten Quecksilberfilmelektroden. Bei der inversen Voltammetrie wird vor der eigentlichen Bestimmung eine elektrochemische Anreicherung des zu untersuchenden Metallions vorgenommen. Dabei werden die Metallionen reduziert und bei Verwendung von Quecksilberfilmelektroden in einem dünnen Quecksilberfilm amalgamiert. Ist die Elektrolyse beendet, so folgt die eigentliche Bestimmung, d. h., die Metalle werden elektrochemisch reoxydiert und durch einen Stripping-Vorgang von der Elektrode entfernt, wobei eine Strom-Spannungs-Kurve aufgenommen wird. Bestimmbar sind amalgambildende Metalle, wie Cu, Pb, Cd, Zn, Bi, Tl, Ag, Hg, Sb, Se, In und Ga, die häufig mit toxischen Spurenmetallen im Wasser identisch sind.

Die fortgeschrittenen Versionen der inversen Voltammetrie werden für die Bestimmung von Spurenmetallen in Trink-, Regen- und Meerwasser empfohlen [95], da sie außerordentlich empfindlich und präzise sind.

Weiterführende Literatur siehe [96].

5.4.2.3. *Atomspektroskopische Methoden im UV-VIS-Bereich*

Unter Atomspektroskopie im ultravioletten und visuellen Bereich werden optische atomspektroskopische Methoden verstanden, bei denen charakteristische Linienspektren freier Atome bzw. Ionen durch thermische oder elektrische Anregung erzeugt werden. In der Wasseranalytik finden besonders die Atomabsorptionsspektroskopie und die Atomemissionsspektroskopie Anwendung.

5.4.2.3.1. *Atomabsorptionsspektroskopie (AAS)*

Bei der Atomabsorptionsspektroskopie (*AAS*) wird die zu analysierende Probe in atomares Gas umgewandelt, in dem die große Mehrzahl der Atome im Grundzustand vorliegt. Atome im Grundzustand oder nicht angeregten Zustand haben die Fähigkeit, Licht bestimmter Energie, d. h. definierter Wellenlänge zu absorbieren. Diese Absorption von Licht findet auf äußerst exakt definierten Wellenlängen und innerhalb eng begrenzter Spektralbereiche (10^{-2} bis 10^{-3} nm) statt. Durch Verwendung einer Lichtquelle, die ein scharfes Atomspektrum des zu bestimmenden metallischen Elements emittiert, wird das im Probegas befindliche Element selektiv zur Resonanz veranlaßt. Dadurch kommt es zu einer Schwächung des eingestrahlten Lichtes. Diese Resonanzabsorption kann gemessen werden.

Atomabsorptionsspektrophotometer enthalten folgende Grundeinheiten: Lichtquelle, Atomisierungs- und komplexe Meßeinrichtung:

— Als Lichtquelle werden überwiegend Hohlkatodenlampen verwendet, bei denen die Katode aus dem zu bestimmenden Metall besteht. Jedes zu untersuchende

Element benötigt somit eine spezielle Hohlkatodenröhre. Diesem Nachteil ist durch die Entwicklung von Mehrelementlampen begegnet worden, die sich jedoch in der Praxis bisher nur wenig durchgesetzt haben. Neben Hohlkatodenlampen werden elektrodenlose Entladungslampen angeboten (*Fa. Perkin Elmer*). Diese zeichnen sich durch höhere Strahlungsintensität und somit größerer analytischer Leistungsfähigkeit und längerer Lebensdauer aus.

— Eine sehr schwierige Aufgabe wird durch die Atomisierungseinrichtung übernommen, mit deren Hilfe aus den in der Probe zu bestimmenden metallischen Elementen durch thermische Dissoziation Atome im Grundzustand erzeugt werden. Das erfolgt normalerweise durch das Versprühen von Probelösung in einer Flamme. Daneben setzen sich immer mehr flammenlose Atomisierungsverfahren durch, die sich durch eine höhere Empfindlichkeit (im Durchschnitt um das 1000fache) auszeichnen und dadurch besonders in der Wasseranalytik, wo Spurenmetalle im Konzentrationsbereich µg/*l* direkt bestimmt werden sollen, von Vorteil sind. Am verbreitesten ist z. Z. die flammenlose Atomabsorption in einer auf 2700 °C geheizten Graphitrohrküvette nach einem Prinzip von MASSMANN [97], mit der moderne Atomabsorptionsspektrophotometer ausgestattet sind.

— Der komplexe Meßteil besteht im wesentlichen aus einem Monochromator, der die typische Resonanzlinie des zu bestimmenden Elementes aussondert, einem Detektor, meist einem Photomultiplier, der den Licht(Photonen)-strom in ein elektrisches Signal umsetzt, einem Verstärker und einem Anzeigegerät.

Für wasseranalytische Untersuchungen von metallischen Elementen eignet sich die AAS ausgezeichnet. Es ist ein Verfahren, das äußerst arbeitsproduktiv ist, es arbeitet schnell (mindestens 5 bis 10 Proben/Minute), benötigt geringe Probemengen (Mikroliter), zeigt bei hoher Selektivität nur eine geringe Störanfälligkeit und ist einfach zu handhaben.

In Tab. 14 sind nach REICHERT [98] und WELZ [99] einige wichtige metallische Elemente, deren in Oberflächengewässern gefundenen Konzentrationsbereiche und Nachweisgrenzen, die mittels AAS erfaßt wurden, zusammengestellt.

Die aufgeführten Nachweisgrenzen machen deutlich, daß in der Wasseranalytik die einfache Flammenatomisierung ohne vorherige Anreicherung nicht immer die benötigte Empfindlichkeit bringt. Da, wie bereits ausgeführt wurde, jeder Anreicherungsvorgang, abgesehen von anderen Proben, zumindest Zeit kostet, ist der Wunsch nach einer Direktbestimmung verständlich.

Die flammenlose Atomabsorptionsspektroskopie hat sich sowohl bei der Bestimmung von Spurenmetallen in reinen Wässern, Grund- und Oberflächenwässern als auch in Abwässern bewährt. Natürlich lassen sich für ihre Anwendung keine starren Regeln aufstellen. Ein Beispiel dafür ist das für eine Umweltkontrolle wichtige Quecksilber, das bei der Flammenatomisierung eine zu geringe Empfindlichkeit aufweist, für die hohen Temperaturen in der Graphitrohrküvette zu leicht flüchtig ist, so daß zu seiner Bestimmung besondere experimentelle Maßnahmen notwendig sind.

Neben den bereits genannten Vorteilen der modernen Atomabsorptionsspektroskopie ist für ihre zukünftige Verwendung besonders ihre Automationsfähigkeit von Bedeutung. Sowohl automatisierte Probenaufgabe als auch automatische Datenverarbeitung sind technisch gelöst. Zum Beispiel werden Geräte, die mit einem Computer gekoppelt sind, angeboten. Die Meßergebnisse werden automatisch in Konzentrationsangaben umgerechnet, Mittelwerte über 10 bis 100 Einzelwerte ausgerechnet und digital angezeigt. Die Steuerung des Analysenablaufes wird z. T. vom Computer übernommen.

Weiterführende Literatur siehe [100].

Tabelle 14: Anorganische Schadstoffe im Wasser, Konzentrationsbereiche in Oberflächenwässern und Nachweisgrenzen beim Einsatz der Atomabsorptionsspektroskopie [98, 99]

Element	Konzentrationsbereich (µg/l)	AAS-Nachweisgrenzen (µg/l)	
		Flamme	Graphitrohrküvette
As	0,1 –15	100	0,1
Be	0,2 – 0,5	2	0,02
Cd	0,6 – 8,3	0,6	0,001
Co	2 –17,8	7	0,1
Cr	0,5 –37,3	3	0,05
Cu	4,1 –54,5	2	0,03
Hg	0,02– 4,5	200	20
Mo	0,1	40	4
Ni	1,7 –25	8	0,1
Pb	30 –36,7	20	0,02
Se	0,1 –54	100	1
V	0,5 – 9,8	60	2

5.4.2.3.2. *Atomemissionsspektroskopie (AES)*

Die Atomemissionsspektroskopie ist ein in der Analytik unter dem historischen Namen „Spektralanalyse" bekanntes und häufig angewandtes Analysenverfahren. Kirchhoff und Bunsen [101] hatten erkannt, daß verschiedene Elemente durch die Flamme eines Gasbrenners thermisch dissoziiert und angeregt werden und ein Linienspektrum aussenden, das stoffspezifisch und dessen Intensität konzentrationsabhängig ist.

Im Gegensatz zur Atomabsorptionsspektroskopie eignet sich die Atomemissionsspektroskopie hervorragend zur Erzeugung von Übersichtsspektren, aus denen sich die Anwesenheit von Haupt-, Neben- und Spurenbestandteilen relativ schnell feststellen läßt. Mit der klassischen Atomemissionsspektroskopie lassen sich ca. 70 Elemente nebeneinander halbquantitativ erfassen. Nach Eichung mit entsprechenden Standards ist eine quantitative Bestimmung möglich.

Besondere Anwendung, das trifft auch in der Wasseranalytik zu, findet die Atomemissionsspektroskopie bei der Analyse der leicht anregbaren Alkali- und Erdalkalimetalle, insbesondere von Natrium, Kalium und Calcium. Hier ist eine höhere Nachweisempfindlichkeit zu erreichen als mit der Atomabsorptionsspektroskopie. Als Beispiel sei die Kontrolle der Wasseraufbereitung durch Ionenaustauscher und die Überwachung von Kesselspeisewasseranlagen genannt.

Als Nachteil bei der Anwendung der Atomemissionsspektroskopie ist das Auftreten spektraler Interferenzen zu werten, z. B. wenn der Monochromator die Emissionslinien von zwei verschiedenen Elementen nicht zu trennen vermag und somit keine elementspezifische Bestimmung möglich ist.

5.4.2.4. Aktivierungsanalyse

Bei der Aktivierungsanalyse werden die interessierenden Elemente einer Wasserprobe durch Bestrahlung mit geeigneten Kernpartikeln zu Kernumwandlungen veranlaßt. Die dabei emittierte Strahlung kann gemessen werden und gibt die erwünschte analytische Information.

Zur Bestrahlung finden schnelle oder langsame (thermische) Neutronen, Protonen, Röntgen- oder Gammastrahlen Verwendung. Am verbreitetsten ist der Einsatz von Neutronen unterschiedlicher Energie, da Neutronenquellen relativ einfach zu handhaben sind und eine Neutronenbestrahlung bei den meisten Elementen zu Kernreaktionen führt.

Häufig werden thermische Neutronen verwendet, die eine Neutronen-Gamma-Reaktion (n, γ) auslösen, d. h., das stabile Isotop eines Elements emittiert unter Aufnahme eines Neutrons Gamma-Strahlung, z. B. $^{23}Na\ (n, \gamma)\ ^{24}Na$. Das entstandene Isotop ist chemisch gesehen identisch mit dem ursprünglich bestrahlten Element.

Die Aktivierungsanalyse, ausgeführt mit modernen Geräten, d. h. einer sicheren Neutronenquelle und einem γ-Spektrometer zur Messung der Radioaktivität, vereinigt die Vorzüge von Schnelligkeit, Spezifität und hoher Empfindlichkeit.

In der Wasseranalytik eignet sich die Aktivierungsanalyse zur Bestimmung von Spurenelementen, sie wird z. Z. allerdings nur vereinzelt eingesetzt. Ein Grund mag die verbreitete Aversion gegen die Radioaktivität sein.

Weiterführende Literatur siehe [102].

5.5. Chemische Analyse organischer Wasserinhaltsstoffe

Bei der chemischen Analyse organischer Wasserinhaltsstoffe liegt das Hauptproblem in der Vielfalt der organischen Verbindungen, die im Wasser vorkommen und Schadwirkungen auslösen können. Darüberhinaus treten Wirkungen auf, die von der Gesamtheit der im Wasser befindlichen organischen Stoffe hervorgerufen werden. Es wird deshalb bei der wasseranalytischen Untersuchung organischer Stoffe zweckmäßigerweise zwischen Summenbestimmungsmethoden und Bestimmungsmethoden einzelner organischer Stoffgruppen oder Verbindungen unterschieden.

5.5.1. Summenbestimmungsmethoden

Summenbestimmungsverfahren werden schon seit Jahrzehnten in der Wasseranalytik angewendet. Erste Aussagen über die Gesamtheit organischer Stoffe im Wasser ermöglicht die Bestimmung des Glühverlustes. Beim Glühen wird die organische Substanz oxydiert, die Differenz zwischen den bei 110 °C erhaltenen Eindampfrückstand und dem Glührückstand ergibt den Glühverlust. Da auch anorganische Verbindungen, z. B. Carbonate, einen Glühverlust verursachen, wird diese Methode zur Bestimmung organischer Stoffe infolge der möglichen Fehler nicht mehr benutzt.

Zur Zeit sind folgende Summenbestimmungsmethoden weit verbreitet:

1. Bestimmung des Sauerstoffs, der zur Oxydation der organischen Stoffe im Wasser notwendig ist und zwar
   a) als biochemischer Sauerstoffbedarf (*BSB*)
   b) als chemischer Sauerstoffverbrauch (*CSV*)
2. Bestimmung des organisch gebundenen Kohlenstoffs (*TOC*)

Jede dieser Methoden ermöglicht, wie noch erläutert werden wird, ganz bestimmte Aussagen und ist mit Unzulänglichkeiten behaftet. Dennoch werden sie weiterhin in der wasseranalytischen Praxis angewendet, da eine Gesamtanalyse aller einzelnen organischen Verbindungen im Wasser durch spezifische Analysenverfahren unmöglich ist. Der dazu notwendige Aufwand übersteigt jede Vorstellung, wobei für den größten Teil dieser Stoffe ein Analysenverfahren fehlt.

Sowohl die Bestimmung des biochemischen Sauerstoffbedarfs als auch die des chemischen Sauerstoffverbrauchs sind indirekte konventionelle Analysenverfahren. In den wenigsten Fällen handelt es sich dabei um eine vollständige Erfassung der organischen Wasserinhaltsstoffe. Vielmehr wurden aus den vielfältigen Erfahrungen der Wasserpraxis Arbeitsvorschriften entwickelt, die unter bestimmten festgelegten Bedingungen, wie Reaktionszeit, Reaktionstemperatur und Reagenskonzentrationen, ein Optimum an Aussagen ermöglichen. Jegliche Abweichung bei der Durchführung der Analyse von den angegebenen Bedingungen liefern Ergebnisse, die nicht vergleichbar sind. Das ist auch der Grund, warum noch immer große Bemühungen unternommen werden, konventionelle Summenbestimmungsmethoden zur Erfassung der zahllosen organischen Wasserinhaltsstoffe zu verbessern. Die erhaltenen Parameter sind nach wie vor wichtige Richtwerte bei der Charakterisierung der Wassergüte eines Wassers, insbesondere wenn es um die Beurteilung der zeitlichen Veränderungen der organischen Belastung geht. Die hierbei gewonnenen Relativwerte liefern wichtige Beurteilungsgrundlagen für die jeweilige Wassersituation.

5.5.1.1. Biochemischer Sauerstoffbedarf (BSB)

Definiert wird der biochemische Sauerstoffbedarf, BSB_n, als Masse an gelöstem Sauerstoff, die von adaptierten Mikroorganismen beim oxydativen Abbau der im Wasser enthaltenen organischen Stoffe unter festgelegten Bedingungen innerhalb von *n* Tagen benötigt wird. Damit ist ein Maß für die Summe der biochemisch abbaubaren organischen Wasserinhaltsstoffe gegeben, sofern nach den entsprechenden Standardverfahren gearbeitet wird.

Der biochemische Sauerstoffbedarf ist von vielen Faktoren abhängig. Sowohl die Art und Konzentration der organischen Stoffe als auch die Art, Zahl und Adaption der Mikroorganismen sind von entscheidender Bedeutung. Zum Beispiel wurde früher angenommen, daß bestimmte organische Verbindungen auf Grund ihrer Toxizität einem biochemischen Abbau nicht zugängig sind. Genauere Untersuchungen von Abbauvorgängen ergaben u. a., daß Verbindungen, wie Phenole, sogar in hohen Konzentrationen im Wasser abgebaut werden, sofern sich die Mikroorganismen an dieses „Futter" gewöhnt, d. h. sich adaptiert haben. Die Bestimmung des *BSB* in industriellen Abwässern ist deshalb oft problematisch. Weiterhin ist der biochemische Sauerstoffbedarf von folgenden Faktoren abhängig: Sauerstoff- und Nährsalzangebot, Temperatur, Lichteinwirkung und Zeit.

Als Reaktionszeit für den gesamten biochemischen Prozeß gelten normalerweise 5 Tage. Diese Zeitspanne wurde festgelegt, obwohl der vollständige Abbau nicht immer gewährleistet ist. Andere Zeiten von 2 bis 20 Tagen werden von Fall zu Fall gewählt, sind aber nicht ohne weiteres miteinander umrechenbar.

Vor jeder Bestimmung des *BSB* muß gesichert sein, daß für einen möglichst vollständigen Abbau der organischen Stoffe Sauerstoff, Nährsalze und adaptierte Mikroorganismen in genügender Menge zur Verfügung stehen. Deshalb muß bei hohen Konzentrationen an organischen Stoffen, wie das bei Abwässern der Fall ist, ein Zusatz insbesondere von Sauerstoff erfolgen. Dafür gibt es prinzipiell zwei Möglichkeiten:

1. Die Wasserprobe wird mit luftgesättigtem Verdünnungswasser oder mit gasförmigem Sauerstoff bis zur Sättigung versetzt. Dieser Vorgang erfolgt in Flaschen, deren Volumen genau bekannt ist. Die Differenz aus dem Sauerstoffgehalt beim Beginn der Untersuchung und nach *n* Tagen ergibt den BSB_n, der in mg/*l* O_2 angegeben wird.
2. Die Wasserprobe wird in ein geschlossenes Gefäß gebracht, dessen Gasvolumen aus Luft oder reinem Sauerstoff besteht. Der Sauerstoffverlust, hervorgerufen durch die biochemischen Vorgänge in der Probe, verursacht eine Druckabnahme, die manometrisch gemessen wird (z. B. WARBURG-Methode). Bei der Reaktion entwickeltes Kohlendioxid wird durch feste Alkalihydroxide gebunden. Der Sauerstoffverlust kann auch durch elektrochemisch erzeugten Sauerstoff ergänzt werden. Die dazu notwendige Strommenge dient als Maß für den Sauerstoffbedarf.

Beim biochemischen Abbau entstehen aus stickstoffhaltigen organischen Stoffen u. a. Ammoniumverbindungen. Diese werden nach einiger Zeit zu Nitrit und Nitrat oxydiert, ein Vorgang, der als Nitrifikation bezeichnet wird und die *BSB*-Bestimmung verfälschen kann. Überhaupt stören alle anorganischen Verbindungen, die sich durch elementaren Sauerstoff oxydieren lassen. Andere Beeinträchtigungen ergeben sich, wenn ein saures oder alkalisches Reaktionsmilieu vorliegt. Solche Störungen müssen vor der Bestimmung erkannt und weitestgehend beseitigt werden.

Die Unzulänglichkeiten bei der Ermittlung des *BSB*, verursacht durch die lange Untersuchungsdauer von mehreren Tagen und die nur unvollständige Erfassung der organischen Stoffe auf Grund ihrer verschiedenen Abbaubarkeit, haben zur Entwicklung von Verfahren zur Bestimmung des Sauerstoffverbrauchs durch rein chemische Oxydation geführt.

5.5.1.2. Chemischer Sauerstoffverbrauch (CSV)

Der chemische Sauerstoffverbrauch wird als die auf Sauerstoff umgerechnete Menge an Oxydationsmitteln definiert, die bei der Oxydation organischer Inhaltsstoffe des Wassers unter festgelegten Bedingungen benötigt wird. Das verwendete Oxydationsmittel muß dabei angegeben werden, es ist in den meisten Fällen Kaliumpermanganat oder Kaliumdichromat und wird in einer bestimmten bekannten Konzentration der Wasserprobe im Überschuß zugesetzt. Der Verbrauch an Oxydationsmittel kann durch die Bestimmung des unverbrauchten Restes ermittelt werden. Die Vollständigkeit der Oxydation hängt von der Art und Konzentration der organischen Stoffe und des Oxydationsmittels, dem pH-

Wert, der Reaktionstemperatur und -zeit ab. Vergleichbare Ergebnisse werden auch hier nur dann erhalten, wenn die festgelegten Arbeitsvorschriften genau eingehalten werden.

5.5.1.2.1. *Bestimmung des chemischen Sauerstoffverbrauchs mit Kaliumpermanganat — CSV-Mn*

Kaliumpermanganat, $KMnO_4$, als Oxydationsmittel zur analytischen Erfassung von organischen Wasserinhaltsstoffen wird seit Mitte des 19. Jahrhunderts verwendet. Die kurze Reaktionszeit von 10 Minuten und die hohe Empfindlichkeit der Permanganat-Titration ermöglichte die schnelle Anwendung dieser Methode insbesondere in der Trinkwasseranalyse. Solange die zu untersuchenden Wässer natürlichen Ursprungs waren, ließen die ermittelten Werte eine gute Beurteilung zu. Das änderte sich mit der Entwicklung der Technik und Zivilisation. Die dadurch in das Wasser gelangenden organischen Verunreinigungen enthielten Stoffe, die mittels Kaliumpermanganat als Oxydationsmittel nur unvollständig oder überhaupt nicht oxydiert wurden. Zahlreiche Modifikationen der Methode wurden deshalb entwickelt, um eine vollständige Oxydation zu erreichen. Trotz dieser Bemühungen ist es eine Tatsache, daß unter den gegebenen Bedingungen eine Reihe organischer Verbindungen durch diese Methode nicht oder nur teilweise erfaßt werden. Das betrifft u. a. Ketone, Ether, Ester, einwertige Alkohole, Aminosäuren, Säureamide und gesättigte Carbonsäuren außer Oxalsäure. Hinzu kommen Störungen durch anorganische Stoffe, die teilweise oder vollständig oxydiert werden können und somit einen höheren chemischen Sauerstoffverbrauch vortäuschen. Eisen(II)-verbindungen, Chloride und Sulfide sind solche häufig störenden Stoffe, die entsprechend beachtet werden müssen.

Die Anwendung der Bestimmung des chemischen Sauerstoffverbrauchs mit Kaliumpermanganat als Oxydationsmittel kann deshalb nur zur Untersuchung von gering verschmutzten Trink-, Grund- und Oberflächenwässern, die maximal einen Gehalt von 10 mg/*l* O_2 *CSV*-Mn aufweisen, empfohlen werden. Für viele Industrieabwässer ist sie ungeeignet [61].

5.5.1.2.2. *Bestimmung des chemischen Sauerstoffverbrauchs mit Kaliumdichromat — CSV-Cr*

Kaliumdichromat, $K_2Cr_2O_7$, erwies sich in stark saurer Lösung als ein Oxydationsmittel, das nahezu alle organischen Stoffe im Wasser angreift. Um eine möglichst vollständige Oxydation aller organischen Stoffe zu erreichen, wird während der Reaktion Silbersulfat, Ag_2SO_4, als Katalysator und zur Maskierung störender

Chloridionen Quecksilberchlorid, $HgCl_2$, zugesetzt (s. a. [103]). Die Standardvorschrift [61] schreibt eine Reaktionszeit von 2 Stunden vor.

Doch auch diese Standardvorschrift hat Nachteile:

1. Die Reaktionszeit von 2 Stunden ist verhältnismäßig lang, eine Selbstzersetzung des Kaliumdichromates ist nicht auszuschließen.
2. Bei den angewendeten Reaktionsbedingungen werden einige organische Verbindungen, z. B. Pyridin, weitere stickstoffhaltige heterocyclische Verbindungen und im Wasser schwerlösliche aliphatische und aromatische Kohlenwasserstoffe, insbesondere Benzen und Paraffine, nur geringfügig oxydiert.
3. Die Nachweisgrenze des Verfahrens läßt zu wünschen übrig, da als Maß- und Reaktionslösung eine 0,25 N (normale) Kaliumdichromatlösung vorgeschrieben wird. Die Standardmethode ist deshalb zur Untersuchung verunreinigter Oberflächenwässer und Abwässer erst ab einer Konzentration des *CSV*-Cr von 50 mg/*l* O_2 anwendbar.
4. Die Bestimmung des *CSV*-Cr unter den Bedingungen der Standardvorschrift ist für eine Automatisierung wenig geeignet.

Diese Nachteile geben immer wieder Anlaß, an einer Verbesserung der Methode zu arbeiten. Eine Anzahl neuerer und interessanter Lösungen werden vorgeschlagen, die zu einer neuen Standardvorschrift führen können.

1. LEITHE [104] schlägt eine Verkürzung der Reaktionszeit auf 10 Minuten vor und erhöht dafür die Reaktionstemperatur durch eine größere Schwefelsäurekonzentration. Allerdings hat sich gezeigt, daß eine solche Erhöhung der Reaktionstemperatur nicht problemlos ist. Vor allem das beim Standardverfahren übliche Kochen unter Rückfluß führte zu nicht reproduzierbaren Blind- und Meßwerten [75]. Deshalb wird von verschiedenen Autoren [105, 106] ein thermostatisiertes Erhitzen empfohlen, das ein Kochen des Reaktionsgemisches ausschließt.
2. Um auch Substanzen zu erfassen, die sich bisher einer vollständigen Oxydation entzogen, werden z. Z. Möglichkeiten verschärfter Reaktionsbedingungen überprüft.
   Auch wird häufig eine unvollständige Oxydation durch Störungen vorgetäuscht, die eliminiert bzw. berücksichtigt werden müssen. Neben Störungen, die durch oxydierbare anorganische Stoffe verursacht werden, ist zu beachten, daß sich nicht alle organischen Stoffe unter den gegebenen Bedingungen zu den erwarteten Endprodukten CO_2, H_2O, SO_4^{2-}, NO_3^- und PO_4^{3-} oxydieren lassen. Organisch gebundenes Chlor wird teilweise zu Chlor oxydiert, das seinerseits als Oxydationsmittel wirkt. Organische Stickstoffverbindungen reagieren unterschiedlich, z. B. werden Aminoverbindungen nur hydrolysiert und bilden Ammoniumionen, wobei kein Sauerstoffverbrauch stattfindet.

3. Um eine niedrigere Nachweisgrenze zu erreichen, sind vielfältige Bemühungen unternommen worden. Ein brauchbares Verfahren ist in den „Ausgewählten Methoden der Wasseruntersuchung“ [61] als Spezialmethode für niedrige *CSV*-Cr-Werte aufgenommen worden. Diese Methode wird für eine Konzentration des *CSV*-Cr von 1,0 bis 170 mg/*l* O_2 empfohlen. Die Nachweisgrenze von 1,0 mg/*l* O_2 wurde u. a. durch die vorbereitende Herstellung eines Oxydationsgemisches erreicht. Das zur Oxydation verwendete Kaliumdichromat wird dabei direkt in konzentrierter Schwefelsäure gelöst, um durch eine Voroxydation bei 160 °C die in der für die Bestimmung verwendeten Schwefelsäure befindlichen oxydierbaren Substanzen zu beseitigen, da diese sehr oft größere Fehler verursachen.

Die vorgeschlagenen Verbesserungen der Bestimmung des *CSV*-Cr haben gute Möglichkeiten für eine Automatisierung der Methode eröffnet.

5.5.1.3. Organischer Kohlenstoff (TOC)

Die Bestimmung des organisch gebundenen Kohlenstoffs (*TOC*, *T*otal *O*rganic *C*arbon) ist ein direktes Analysenverfahren, bei dem die organischen Stoffe vollständig oxydiert werden sollen und das dabei entstehende Kohlendioxid gemessen wird. Die Konzentrationsangabe erfolgt in mg/*l*. Zwei Wege werden dabei eingeschlagen:

1. die naßchemische Oxydation
2. die Hochtemperaturoxydation.

5.5.1.3.1. Naßchemische Oxydation

Die naßchemische Oxydation beruht auf den gleichen chemischen Grundlagen wie die Bestimmung des chemischen Sauerstoffverbrauchs. Als Oxydationsmittel wird neben Kaliumdichromat in stark saurer Lösung Kaliumperoxydisulfat angewendet. Im Gegensatz zum *CSV* wird nicht das verbrauchte Oxydationsmittel, sondern das aus den organischen Stoffen gebildete Kohlendioxid gemessen. Die Reaktionsbedingungen können verschärft werden, da z. B. eine teilweise Zersetzung des Oxydationsmittels, hervorgerufen durch seine Anwendung im Überschuß und hohen Reaktionstemperaturen, für die Messung des Kohlendioxids keine Störung bedeutet [107].

Flüchtige organische Verbindungen, auch entstandenes Kohlenmonoxid, müssen durch eine Nachverbrennung erfaßt werden. Um Fehler durch anorganischen Kohlenstoff, der in der Wasserprobe als freies Kohlendioxid oder in Form der

Carbonate und Hydrogencarbonate vorliegen kann, zu vermeiden, muß dieser vor der Oxydation entfernt werden. Das geschieht meist durch Ansäuern der Probe und anschließendem Ausgasen mittels kohlendioxidfreier Luft. Bei diesem Vorgehen ist allerdings die Gefahr des Verlustes an flüchtigen organischen Verbindungen gegeben.

Die Messung des Kohlendioxids kann mit den verschiedensten Methoden erfolgen. Eine besonders hohe Empfindlichkeit ist mit der Infrarot-Spektroskopie zu erreichen.

Nachteilig bei der naßchemischen Oxydation erweist sich die verhältnismäßig lange Analysendauer von 10 bis 40 Minuten. Außerdem mußte festgestellt werden, daß eine vollständige Oxydation bestimmter organischer Verbindungen im wäßrigem Medium trotz verschärfter Bedingungen nicht immer möglich ist.

5.5.1.3.2. Hochtemperaturoxydation

Die Methode der Hochtemperaturoxydation hat sich insbesondere in den letzten Jahren durchgesetzt, da sie mit modernen instrumentellen Analysengeräten in kürzester Zeit durchzuführen ist [108].

Das Prinzip der Methode ist die katalytische Oxydation der organischen Stoffe mit Sauerstoff bei hohen Temperaturen. Das Problem dieser Methode wird durch das wäßrige Medium verursacht, in dem die organischen Stoffe in verhältnismäßig geringen Konzentrationen vorliegen. Das Probenwasser muß während der Bestimmung verdampft werden, wodurch es zu einer ca. fünftausendfachen Vergrößerung des Volumens kommt, wenn bei Temperaturen von 950 °C gearbeitet wird, wie das bei dem Beckman-*TOC*-Analysator der Fall ist. Deshalb kann nur von kleinsten Probenmengen ausgegangen werden. Das erfordert Dosierspritzen höchster Präzision und hochempfindliche CO_2-Meßgeräte.

Der genannte Analysator besteht aus einem Hoch- und einem Niedertemperaturofen. Als Träger und Oxydationsgas dient kohlendioxidfreie Luft. Im Hochtemperaturofen befindet sich ein Quarzrohr, das mit einem Katalysator (Cobaltoxid auf einem Träger) beschickt ist. Die Betriebstemperatur des Ofens liegt bei 950 °C. Das Verbrennungsrohr im Niedertemperaturofen ist mit Quarzsteinchen gefüllt, die mit Phosphorsäure (85%) benetzt sind. Seine Betriebstemperatur beträgt 150 °C.

Wasserproben von 50 µl werden zuerst in das Verbrennungsrohr des Hochtemperaturofens, nach Beendigung des Meßvorgangs und Umschalten der Trägergasführung dann in das Reaktionsrohr des Niedertemperaturofens eingespritzt. Während im Hochtemperaturofen die Probe sofort in Dampfform übergeht und die gesamte organische Substanz unter Einwirkung des Sauerstoffs und des Katalysators in Kohlendioxid und Wasserdampf umgesetzt wird, verdampft die

Wasserprobe auch im Niedertemperaturofen, doch erfolgt keine Oxydation organischer Stoffe, sondern nur ein Austreiben des Kohlendioxids aus der Lösung bzw. aus Carbonaten. Nach Kondensation des Wassers aus dem Trägergas wird das Kohlendioxid durch ein IR-Spektrometer extrem hoher Ansprechgeschwindigkeit gemessen und durch einen Schreiber registriert. Die Analysendauer beträgt 1 bis 2 Minuten. Größtmögliche Meßverstärkung und Sorgfalt der Ausführung ermöglicht die Bestimmung von 0,5 mg/*l* C.

Dem Vorteil der Schnelligkeit, des guten Oxydationseffektes, der erreichbaren Empfindlichkeit und leichten Ausführbarkeit der Methode stehen einige Nachteile gegenüber, die beachtet werden müssen. Zum Beispiel wirken sich bei der geringen Probenmenge jegliche Inhomogenitäten nachteilig auf die Reproduzierbarkeit der Analysenwerte aus. Sofern keine homogenen Probelösungen vorliegen, ist eine Vorbehandlung durch Homogenisierung oder Filtration unbedingt notwendig. Bei Angabe der Analysenwerte sollte immer die Art der Vorbehandlung angegeben werden, da bei Vergleichen zur Beurteilung eines Wassers gleiche Vorbehandlungen vorausgesetzt werden müssen.

In der Literatur wird deshalb an Stelle des *TOC* sehr oft der *DOC* (*D*issolved *O*rganic *C*arbon), also der gelöste organische Kohlenstoff angegeben, da üblicherweise vor der Bestimmung eine Filtration des Probewassers erfolgt.

Von verschiedenen Autoren wurden Untersuchungen durchgeführt, um Relationen zwischen der *TOC*-Bestimmung und anderen Summenbestimmungsmethoden, wie *CSV*-Cr und *BSB*, festzustellen [109—111], mit dem Ziel, die schnelle *TOC*-Bestimmung an Stelle der anderen Summenbestimmungsmethoden einzusetzen. Das hat bei bestimmten Untersuchungsobjekten zum Erfolg geführt, kann aber nicht verallgemeinert und auf jedes Wasser ohne entsprechende Vorversuche angewendet werden. Sinnvoll sind jedoch Kombinationen verschiedener Summenbestimmungsmethoden, wobei die *TOC*-Bestimmung immer dabei sein sollte. Da jede der einzelnen Summenbestimmungsmethoden nur ganz bestimmte Ergebnisse ermöglicht, führt eine kombinierte Anwendung derselben stets zu differenzierten Aussagen.

5.5.1.4. UV-Spektroskopie

Die UV-Spektroskopie gehört zu den spektroskopischen Methoden, die besonders aktuell wurden, nachdem automatisch registrierende Geräte eine bequeme und schnelle Messung der Absorptionsspektren ermöglichten. Sie beruht wie alle spektroskopischen Verfahren auf einer spezifischen Anregung von Atomen und Molekülen durch elektromagnetische Strahlung bestimmter Wellenlänge. Die von organischen Substanzen erhaltenen Absorptionsspektren im UV weisen allerdings nur eine geringe Bandenzahl auf und sind deshalb nicht sehr charakteristisch. Im UV absorbieren im Spektralbereich von 200 bis 380 nm inbesondere Molekülgruppen, die Doppel- und Dreifachbindungen enthalten, sogenannte chromophore Gruppen, wie $>C=C<$, $-C\equiv C-$, $>C=O$, $-N=N-$ und $-N=O$.

Ohne eine exakte Stofftrennung liefert die UV-Spektroskopie ein Absorptionsspektrum, dessen Form sich aus der Summe der in einem Wasser befindlichen organischen Stoffe ergibt. Der Kurvenverlauf wird im wesentlichen durch die gelösten organischen Stoffe bestimmt, die in einer höheren Konzentration vorhanden sind und eine ausgeprägte UV-Absorption aufweisen. Solche Bedingungen sind bei bestimmten Abwasserarten anzutreffen. MRKVA [112] untersuchte z. B. Kokereiabwässer und Abwässer der Zellstoffproduktion, die eine höhere Konzentrationen an Phenolen bzw. Ligninstoffen aufweisen. Es erweist sich dabei stets als günstig, zunächst das gesamte Absorptionsspektrum aufzunehmen, um die zur Analyse geeignetste Wellenlänge zu ermitteln. Mit modernen Geräten, z. B. dem UV-VIS-Spektrometer der *Fa. VEB Zeiß Jena* ist ein solches Spektrum in wenigen Minuten aufgenommen. Die Wasserprobe kann meistens direkt in Quarzküvetten mit 1 cm Schichtdicke gemessen werden, sofern die Probelösung optisch klar ist. Lösungen in Konzentrationsbereichen von 10^{-2} bis 10^{-5} M sind mühelos zu messen [113].

Beziehungen zwischen der UV-Absorption bei einer bestimmten Wellenlänge und Summenbestimmungsmethoden, wie dem *CSV* und dem *TOC*, konnten aufgestellt werden, da sich die UV-Spektren quantitativ auswerten lassen [111, 114, 115, 116].

Das führte dazu, daß die UV-Absorptionsmessung heute immer mehr zu einer schnellen Bestimmung organischer Wasserverunreinigungen herangezogen wird. Dabei verlagert sich das Anwendungsgebiet auf Grund der Empfindlichkeit der Methode immer mehr auf Untersuchungen von Oberflächenwässern, der Gewässerüberwachung und der Betriebskontrolle in Wasserwerken. Als Maß für die organische Verschmutzung wird in der Praxis der Extinktionswert einer optisch klaren Probe bei einer bestimmten Wellenlänge, vorwiegend bei 240 nm, häufig auch bei 254 nm verwendet. Letztere kann leicht mittels einer Niederdruckquecksilberdampfanlage erzeugt werden.

Grundsätzlich sind im Bereich zwischen 230 und 280 nm Aromaten, Heterocyclen, ungesättigte aliphatische Verbindungen und Carbonylverbindungen zu erwarten.

Die UV-Spektroskopie kann als Summenbestimmungsmethode für organische Stoffe wesentlich zu detaillierteren Aussagen beitragen und in vielen Fällen andere Summenbestimmungsmethoden ersetzen. Allerdings ist letzteres nur nach entsprechenden Voruntersuchungen möglich.

5.5.1.5. Chloroform-Extrakt

Die Bestimmung des Chloroform-Extraktes dient der Einschätzung organischer Stoffgruppen im Wasser. Als unpolares Lösungsmittel ist Chloroform in der

Lage, aus neutralen Wasserproben unpolare und schwach polare organische Stoffe zu extrahieren. Das sind insbesondere Kohlenwasserstoffe, chlorierte Kohlenwasserstoffe (Pesticide), Phenole, Polyether, nichtionogene Tenside, Fettsäuren und deren Ester.

Die Anreicherung solcher Stoffe in Chloroform kann auf 2 Arten erreicht werden:

1. Das zu untersuchende Wasser wird über ein Aktivkohlefilter gegeben. Anschließend erfolgt die Extraktion der auf der Kohle adsorbierten organischen Stoffe mit Chloroform. Nach Abdestillation des Chloroforms kann der Rückstand gravimetrisch bestimmt und als mg/*l* *CCE* (*C*arbon-*C*hloroform-*E*xtract) angegeben werden.
   Diese Methode findet insbesondere als Summenbestimmung bei Pesticiduntersuchungen Anwendung.
2. Mit dem zu untersuchenden Wasser wird eine Flüssig-Flüssig-Extraktion durchgeführt. Auch in diesem Fall kann der Extraktionsrückstand gravimetrisch bestimmt und das Ergebnis in mg/*l* Chloroform-Extrakt angegeben werden.

Mit der Bestimmung des Chloroform-Extraktes besteht somit die Möglichkeit festzustellen, in welchen Mengen die genannten Stoffgruppen im Wasser vorhanden sind. Die Methode eignet sich gut für die Überwachung von verunreinigten Oberflächenwasser und Abwasser. Je nach Erfordernis und vorhandenen analytischen Möglichkeiten können weitere analytische Untersuchungen folgen, um detailliertere Aussagen zu erhalten.

5.5.1.6. Organisch gebundenes Chlor (TOCl)

Unter dem Begriff „Gesamtes organisch gebundenes Chlor" (*TOCl*, *T*otal *O*rganic *C*hlorine) wird die Summe der in einem Wasser enthaltenen Chlorkohlenwasserstoffe verstanden. In der Wasserpraxis wird nach entsprechender Probenbehandlung (z. B. Filtration) häufig der Parameter „Gelöstes organisch gebundenes Chlor" (*DOCl*, *D*issolved *O*rganic *C*hlorine) verwendet.

Die Bestimmung des *TOCl* bzw. *DOCl* kann auf Grund der geringen Konzentrationen, in denen die Chlorkohlenwasserstoffe in Oberflächen-, Grund- und Trinkwässern auftreten, erst nach einem Isolierungs- oder Anreicherungsschritt erfolgen. Danach werden die gewonnenen Chlorkohlenwasserstoffe unter bestimmten Bedingungen gespalten und das entstehende Chlorid analytisch erfaßt. Zur Zeit ist das von Kühn und Sontheimer [117] vorgeschlagene Bestimmungsverfahren am weitesten entwickelt und erprobt. Die mittels Aktivkohle adsorbierten Chlorkohlenwasserstoffe werden nach ihrer Desorption in einer Sauerstoff-, Wasserdampfatmosphäre quantitativ oxydiert. Als Katalysator dient

Platin, die Reaktionstemperatur liegt zwischen 900 °C und 1000 °C, so daß die Verbrennungsgase über einen Intensivkühler in eine Vorlage überführt werden müssen, in der die entstandenen Chloride mikrocoulometrisch bestimmt werden.

Problematisch bei der Bestimmung des *TOCl* ist neben der Effektivität des angewandten Isolierungs- oder Anreicherungsverfahrens die Vollständigkeit der Spaltung der Chlorkohlenwasserstoffe und die quantitative Chloridbestimmung. Trotz dieser Fehlermöglichkeiten gewinnt die Bestimmung des *TOCl* an Bedeutung, da z. Z. ca. 90% der organischen Chlorverbindungen in kontaminierten Oberflächengewässern nur mittels dieses Summenparameters erfaßbar sind [37] und seine Kenntnis neben Informationen über das Vorhandensein chlororganischer Wasserinhaltsstoffe Aussagen über die Wirksamkeit von Wasseraufbereitungsverfahren, wie bei der Aktivkohlefiltration und der Flockung zuläßt [118]. Die Angabe des *TOCl*-Wertes erfolgt in mg/*l* Cl.

Weiterführende Literatur siehe [119].

5.5.2. Methoden zur Bestimmung organischer Substanzgruppen und Einzelsubstanzen

Die Kenntnis über die in Gewässern vorkommenden organischen Stoffgruppen und Einzelverbindungen sind z. Z. noch unbefriedigend. Bis heute wurden über 1500 organische Verbindungen in den verschiedensten Wasserarten identifiziert, allein 400 bis 500 im Trinkwasser. Wenn angenommen wird, daß nur 5% der mehr als 2 Millionen bekannten organischen Verbindungen ihren Weg in's Wasser nehmen, dann sind das ca. 100000 organische Verbindungen, die bestimmt werden müßten [120]. Es ist daher verständlich, daß es trotz intensiver Bemühungen bisher nicht gelungen ist, ein allumfassendes Analysensystem zur Bestimmung organischer Stoffe im Wasser einschließlich Probenahme, Konservierung, Vorbehandlung, Messung und Sicherheit der Befunde zu entwickeln. In diesem Zusammenhang wird in der Literatur immer häufiger der Begriff „Screening“ verwendet. Das Ziel eines chemisch-analytischen Screenings ist im allgemeinen der Nachweis bzw. Ausschluß bestimmter organischer Stoffe bzw. Stoffgruppen und somit die möglichst schnelle Beantwortung der Frage, ob eine Verunreinigung mit unerwünschten Stoffen vorliegt und sofern das der Fall ist, welcher Stoffgruppe sie angehören.

Die Notwendigkeit eines Screenings zur Erfassung organischer Wasserinhaltsstoffe ergibt sich aus der Besonderheit des wäßrigen Milieus als Multikomponenten-System und dem Fehlen universeller, hinweisender und schnell ausführbarer Untersuchungsverfahren, die aussagekräftiger sind als die üblichen Summenbestimmungsmethoden [121, 122].

Bisher wird die wasseranalytische Erfassung einzelner organischer Verbindungen und Stoffgruppen nur dort angewandt, wo der Verdacht auf Verunreinigung durch bestimmte Schadstoffe besteht und entsprechende Hinweise vorhanden sind, wie das z. B. bei industriellen Abwässern der Fall ist. Erschwert wird diese Situation dadurch, daß von den meisten organischen Stoffen nicht bekannt ist, wie sie sich im Wasser verändern und welche Auswirkungen sie hervorrufen können.

Beispiele für eine gezielte angewendete Analysenmethodik auf organische Schadstoffe im Wasser sind Untersuchungen über Phenole, Tenside, Pesticide, polycyclische aromatische Kohlenwasserstoffe, Chlorkohlenwasserstoffe und Mineralöle.

Hervorgerufen durch die Vielfalt organischer Stoffe werden insbesondere chromatografische Verfahren herangezogen, die eine Trennung der Substanzgemische ermöglichen, außerdem Verfahren, die der Identifizierung einzelner Substanzen bzw. Substanzgruppen dienen.

5.5.2.1. Chromatografie

Mit chromatografischen Verfahren ist die selektive Trennung eines Stoffgemisches auf Grund seiner Verteilung zwischen einer mobilen (beweglichen) und einer fixen (festen) Phase möglich. Zu unterscheiden ist prinzipiell zwischen der Flüssigkeitschromatografie, zu der nach Art der festen Phase Säulen-, Dünnschicht- und Papierchromatografie zählen, und der Gaschromatografie.

Zur Wasser- und Abwasseranalyse werden bevorzugt die Methoden der Dünnschichtchromatografie und Gaschromatografie herangezogen. Bei Anwendung dieser Methoden wird in den wenigsten Fällen daran gedacht, daß es sich um reine Trennoperationen handelt, vielmehr gilt es als selbstverständlich, daß die Identifizierung und quantitative Bestimmung mit eingeschlossen ist und somit Trennung und Detektion eine Einheit bilden.

5.5.2.1.1. Dünnschichtchromatografie (DC)

Bei der Dünnschichtchromatografie ist die mobile Phase ein Lösungsmittel, in dem das zu bestimmende Substanzgemisch gelöst ist; die fixe Phase besteht aus festen Adsorptionsmitteln, die auf Glasplatten (ca. 20×20 cm) oder inerten Kunststoff-Folien in Schichtdicken von 0,25 bis 1,0 mm aufgetragen sind.

Die Wahl der Adsorptionsmittel richtet sich nach den zu bestimmenden Stoffen. Für die Erfassung hydrophober Stoffe eignen sich gut Kieselgel G und Aluminiumoxid (basisch, neutral oder sauer). Zur Verfestigung der „Dünnschicht" wird den Adsorbentien Gips (*G*) oder Stärke zugemischt. Der Wassergehalt der Dünnschicht soll gering und definiert sein. Deshalb werden die manuell beschichteten Platten nach dem Trocknen bei Raumtemperatur im Trockenschrank bei 120 °C „aktiviert".

Eine direkte dünnschichtchromatografische Bestimmung wäßriger Lösungen ist aus diesem Grunde nicht möglich, die zu untersuchenden Stoffe müssen unbedingt aus der entsprechenden Wasserprobe mit ausgewählten organischen Lösungsmitteln extrahiert werden. Polare Stoffe bzw. Stoffgruppen, u. a. Aldehyde, Alkohole, niedere Carbonsäuren und Zucker, erfordern andere Anreicherungsverfahren, z. B. eine Anreicherung über Ionenaustauscher.

Nur selten kann der gewonnene und eingeengte Extrakt direkt auf die *DC*-Platte aufgetragen werden. Meistens ist eine Vorreinigung erforderlich.

Nach punktförmigem Auftragen einer kleinen Menge (Mikrogramm-Bereich) der angereicherten und vorgereinigten Probe am unteren Rand (Startpunkt) der *DC*-Platte wird diese in eine geschlossene Trennkammer gegeben und mit einem geeigneten Fließmittel (Trennflüssigkeit) in Kontakt gebracht. Innerhalb einer bestimmten Zeit (ca. 20 bis 100 min) steigt das Fließmittel vom unteren bis zum oberen Rand der *DC*-Platte.

Das Fließmittel, das aus einer Mischung verschiedener organischer Lösungsmittel besteht, ist entscheidend für den Trenneffekt. Je nach dem Verteilungsverhältnis zwischen fixer und mobiler Phase findet eine Trennung des Substanzgemisches statt. Die einzelnen Substanzen sind bei einwandfreier Trennung als kleine runde Flecken erkennbar, wenn sie bei der Detektion durch Besprühen mit bestimmten Reagenzien oder durch Bestrahlen mit UV-Licht sichtbar werden.

Die Steighöhe ist für jeden Stoff charakteristisch, sofern unter gleichen Bedingungen gearbeitet wird, und ermöglicht eine qualitative Identifizierung. Als Kennzahl dient der R_f-Wert, der aus der Wegstrecke des zu bestimmenden Stoffes (Entfernung vom Startpunkt des aufgetragenen Substanzgemisches bis zum Mittelpunkt des Substanzfleckes), dividiert durch die Fließstrecke (Wegstrecke des Fließmittels vom Startpunkt bis zur Lösungsmittelfront bei Beenden der Laufzeit) errechnet wird.

Die R_f-Werte sind vom Fließmittel, der Art, Dicke und Gleichmäßigkeit der aufgetragenen Schicht und den Chromatografiebedingungen (z. B. Temperatur, Luftfeuchtigkeit) abhängig. Zu empfehlen ist deshalb, stets Testsubstanzen auf der gleichen Platte parallel zu der zu untersuchenden Substanz mit aufzutragen. Damit sind auf jeden Fall gleiche Voraussetzungen gegeben. Das trifft auch auf eine quantitative Auswertung zu.

Für die quantitative Auswertung existieren eine Reihe von Möglichkeiten. Eine wenig aufwendige und deshalb für die Routineanalytik geeignete Methode ist der visuelle Fleckenvergleich, bei dem neben die zu untersuchende Probe eine Konzentrationsreihe einer Stammlösung auf die Platte aufgetragen wird, die etwa der vermuteten Konzentration der zu bestimmenden Substanz entspricht. Durch Vergleich des Fleckes der zu analysierenden Substanz mit der Fleckenreihe der Vergleichslösung läßt sich zunächst halbquantitativ die Konzentration der Untersuchungsprobe auf Grund der Fleckengröße und Fleckensichtbarkeit ermitteln. Durch nochmaligen Fleckenvergleich mit einer Konzentrationsreihe, die die Konzentration des zu bestimmenden Stoffes weiter einengt, ist eine relativ exakte quantitative Erfassung möglich.

Ohne auf andere Methoden der quantitativen Auswertung eingehen zu können, soll zumindest auf die densitometrische Messung der Farbintensität der Flecke hingewiesen werden, die auf der Messung der Lichtschwächung eines Lichtstrahles beim Abtasten des Fleckes beruht.

Die Dünnschichtchromatografie ist eine Methode, auf die in der Wasseranalytik trotz moderner Methoden der Gaschromatografie nicht verzichtet werden kann. Der bescheidene Geräte- und Materialaufwand ermöglicht ihre Anwendung in jedem Labor. Für die Untersuchung solcher wichtigen Stoffklassen, wie chlorierte Kohlenwasserstoffe (Insekticide) und polycyclische aromatische Kohlenwasserstoffe ist die Methode der Dünnschichtchromatografie besonders geeignet.

Voraussetzung für die Durchführung auch dieser „einfachen“ Methode sind eingearbeitete Fachleute, die sich über einen längeren Zeitraum mit einem solchen Verfahren beschäftigen können, da angefangen von der Beschichtung der Platten (bei quantitativen Arbeiten machen sich Unebenheiten von weniger als 0,05 mm Schichtdicke störend bemerkbar) bis zur Auswertung der Dünnschichtchromatogramme Übung und Sachkenntnis vorhanden sein muß. Auch die erzielten Fortschritte in der *DC*-Technik (Fertigfolien und Fertigplatten, instrumentelle Auswertegeräte) lassen in dieser Hinsicht keine Abstriche zu.

Vertiefende Literatur siehe [123, 124, 125].

5.5.2.1.2. Hochleistungsdünnschichtchromatografie (HPTLC)*

Aus der konventionellen Dünnschichtchromatografie ist seit Mitte der 70er Jahre eine moderne Hochleistungsdünnschichtchromatografie entwickelt worden [126], die durch neue Plattensysteme, Probenauftragetechniken, Entwicklungsmethoden und durch eine photometrische quantitative Direktauswertung der *DC*-Platten charakterisiert wird.

Die Entwicklung auf diesem Gebiet ist soweit gediehen, daß eine Anwendung der Hochleistungsdünnschichtchromatografie für Routineuntersuchungen auch in der Wasseranalytik möglich ist.

[1]) *H*igh *P*erformance *T*hin *L*ayer *C*hromatography

Mit Hilfe spezieller Fertigplatten, auf denen die verwendeten Sorbentien bezüglich der Teilchengröße besonders eng klassiert sind, werden im Vergleich zu herkömmlichen *DC*-Platten die Trennzeiten um den Faktor 10 (auf 3 bis 20 min) reduziert; die Auflösung erfuhr eine Verbesserung um 60 %, insbesondere bei kurzen Laufstrecken (5 bis 6 cm). Auch werden um den Faktor 5 bis 10 verringerte Auftragvolumina (ca. 200 n*l*) benötigt, so daß Trennbahnen bis zu 5 mm nebeneinander aufgetragen werden können und das Auftragen einer größeren Anzahl von Proben als bisher — einschließlich Standard-Proben — ermöglicht wird. Eine Verfeinerung der Methodik wird durch die Verwendung von Hochleistungsdünnschichtplatten mit einer sogenannten Konzentrierungszone [127] erreicht.

Waren bisher zur Dosierung der Probe auf der *DC*-Platte Volumina von 1 µl bis 10 µl mittels Spritzen oder Glaskapillaren üblich, so müssen bei den Hochleistungsdünnschicht-Platten Probenvolumina von 200 n*l* aufgetragen werden, wozu Festvolumen-Kapillarpipetten [128] aus Pt/Ir angeboten werden, die in ein Auftragegerät eingesetzt werden. Größere Volumina würden das Trennsystem überladen und eine gute Auflösung verhindern.

Für die Entwicklung der Hochleistungsdünnschicht-Platten steht seit 1978 die sogenannte Linearentwicklungskammer [129] zur Verfügung, mit der eine reproduzierbare horizontale Entwicklung gewährleistet wird. Bestechend bei diesem Trennkammertyp ist der geringe Fließmittelbedarf von ca. 2 m*l* pro Entwicklung, eine enorme Material- und Kostenersparnis im Vergleich zur herkömmlichen vertikalen Entwicklung mit Kammersättigung. Bei Anwendung dieser Linearentwicklungskammer muß eine Fließmitteloptimierung erfolgen, da eine Übertragung der Parameter aus der Vertikalentwicklung nicht möglich ist.

Weitere Fortschritte wurden durch die apparatemäßige Entwicklung der Hochleistungs-Circularchromatografie erzielt. Die Circularkammer bzw. sogenannte U-Kammer nach Kaiser und Blome [128] ermöglicht neue Anwendungsbereiche.

Gleichzeitig mit der aufgezeigten Entwicklung der Hochleistungsdünnschichtchromatografie wurde großer Wert auf eine quantitative Auswertung der *DC*-Diagramme gelegt. Hier setzt sich immer mehr die Photometrie direkt auf der Dünnschichtplatte durch, wobei die Remissionsmessung [126, 128] den Vorzug genießt.

5.5.2.1.3. Gaschromatografie (GC)

Mit gaschromatografischen Methoden ist die Trennung von Stoffgemischen möglich, die gasförmig vorliegen oder unzersetzt verdampft werden können.

Eine Trennung der einzelnen Komponenten wird mit geeigneten Trennsäulen erreicht, die feste adsorbierende Oberflächen (Gas-Adsorptions-Chromatografie) oder auf festen Oberflächen befindliche nicht flüchtige Flüssigkeiten (Gas-Verteilungs-Chromatografie) enthalten.

Das gasförmige Probengemisch wird mittels eines Trägergases über die Trennsäulen geleitet und auf Grund der verschiedenen Verteilungskoeffizienten der einzelnen Stoffe getrennt. Am Säulenende können die aufgetrennten Stoff-Fraktionen einem Detektor zugeführt und quantitativ bestimmt werden.

Die Forderung auf dem Gebiet der organischen Analyse nach einer effektiven Trennmethode hoher Leistung hinsichtlich Trennschärfe, Empfindlichkeit und Schnelligkeit der Durchführung hat zur Entwicklung kostenaufwendiger Gaschromatografen geführt, bei denen Trenn- und Meßvorgang weitestgehend automatisiert sind.

Zur Untersuchung organischer Wasserinhaltsstoffe ist eine Direktinjektion der Wasserprobe in einen Gaschromatografen am bequemsten. Leider eignet sich jedoch aus unterschiedlichen Gründen eine wäßrige Lösung nur bedingt. U. a. verursacht das Wasser im Chromatogramm ein „Tailing“ (Schwanzbildung), wodurch die Ausbildung eines einwandfrei auswertbaren Peaks gestört wird.

In der Wasseranalyse ist deshalb bei Anwendung der Gaschromatografie eine Vorbehandlung der Proben oft unumgänglich. Sie besteht meistens aus folgenden Schritten:

1. Isolierung bzw. Anreicherung der organischen Stoffe aus dem Wasser,
2. Reinigung des Extraktes,
3. eventuelle Vortrennung.

Daß damit die reine Analysenzeit von wenigen Minuten entscheidend verlängert wird, ist bei Verwendung dieser Methode einzukalkulieren.

Die Schwierigkeit des Einsatzes der Gaschromatografie zur Wasseranalyse besteht darin, daß zwar für die meisten organischen Stoffe gaschromatografische Arbeitsvorschriften vorliegen, diese aber für die Bestimmung organischer Stoffe im Wasser modifiziert bzw. neu ausgearbeitet werden müssen. Hinzu kommt, daß in der Regel jeder Wasserkörper wiederum eine Spezifizierung der Untersuchungsmethode erfordert. Die sehr unterschiedlichen und z. T. gegensätzlichen Aussagen in der Literatur über gaschromatografisch bestimmbare Stoffe, deren Vorbehandlung, Nachweisgrenzen und Detektionsmethoden, Spezifität und Genauigkeit des Verfahrens sowie Analysenkosten, erschweren Verallgemeinerungen über Vor- und Nachteile einer Anwendung der Gaschromatografie in der Wasseranalytik.

Nach vorsichtigen Schätzungen sind nur etwa 1 bis 10% der organischen Wasserinhaltsstoffe, ausgedrückt als *DOC* gaschromatografisch erfaßbar [130].

Trotz aller Fortschritte auf dem Gebiet der Gaschromatografie ist ein qualitativer Nachweis einzelner Stoffe aus einem Substanzgemisch häufig schwierig, weshalb eine Kombination mit weiteren Analysenverfahren, z. B. Dünnschichtchromatografie, Massenspektrometrie und IR-Spektroskopie, notwendig wird.

5.5.2.1.3.1. Kombination der Gaschromatografie mit weiteren Analysenmethoden

Eine gaschromatografische Bestimmung ist qualitativ immer dann möglich, wenn für die zu untersuchende Substanz eine Vergleichssubstanz zur Verfügung steht. Das ist aber bei vielen Untersuchungen nicht gewährleistet. Aus diesem Grunde muß der gaschromatografischen Trennung eine leistungsfähige Identifizierungsmethode folgen. Verschiedene Kombinationen sind möglich, u. a. mit UV-, IR-Spektroskopie und Massenspektrometrie. Eine Kopplung mit der letztgenannten Methode ist in der Wasseruntersuchung die geeignetste Kombination. Beide Methoden setzen die Gasphase der zu untersuchenden Stoffe voraus, arbeiten in ähnlich geringen Konzentrationsbereichen und lassen sich hinsichtlich Trennung und Identifizierung zeitlich gut aufeinander abstimmen.

Mit modernen Gerätekombinationen der Gaschromatografie und der Massenspektrometrie, *GC-MS*, wurden bisher organische Wasserinhaltsstoffe, insbesondere aromatische polycyclische Kohlenwasserstoffe, Steroide, vor allem aber Pesticide, schnell, eindeutig und mit hoher Empfindlichkeit nachgewiesen. Auch ermöglicht diese Methodenkombination den Nachweis von Metaboliten und Abbauprodukten der verschiedensten organischen Wasserinhaltsstoffe. Allerdings werden nichtflüchtige Verbindungen nicht erfaßt.

Infolge des erheblichen apparativen und materiellen Aufwandes ist die Anschaffung eines solchen Gerätesystems nur für ein Zentrallabor mit speziellen Aufgaben zu vertreten.

Nicht unerwähnt bleiben sollen Kombinationen der Gaschromatografie mit anderen chromatografischen Verfahren, die einer Vortrennung bzw. Extraktreinigung dienen und deshalb vor der eigentlichen gaschromatografischen Untersuchung ausgeführt werden. Besonders die Kombination Dünnschichtchromatografie—Gaschromatografie, die in der Rückstandsanalytik häufig erfolgreich angewandt wurde, führte auch bei wasseranalytischen Untersuchungen an Halogenwasserstoffen und komplexen Steroidgemischen zu einer besseren Identifizierung [39]. In allen Fällen, in denen mit einer solchen Kombination befriedigende Untersuchungsergebnisse erzielt werden können, sollte auf die weit aufwendigere Massenspektrometrie verzichtet werden.

Weiterführende Literatur siehe [131—133].

5.5.2.1.4. *Hochdruckflüssigkeitschromatografie (HPLC)*)*

Im Gegensatz zur Gaschromatografie, die in erster Linie die Stoffe nach den Siedepunkten trennt, ist die Flüssigkeitschromatografie ein Trennverfahren, bei dem ein Stoffgemisch mit Hilfe einer mobilen flüssigen und einer stationären Phase getrennt wird. Durch die Entwicklung immer kleinerer Korngrößen des chromatografischen Trägers und höherer Säulenvordrücke werden die Voraussetzungen für die erwünschte Schnelligkeit und Auflösung der Trennung geschaffen. Die Vielzahl der entwickelten Trennsysteme und die dadurch zu erfassende große Anzahl organischer Stoffe macht die Hochdruckflüssigkeitschromatografie zu einer Methode, die der Gaschromatografie in dieser Hinsicht überlegen ist.

Zweifellos lassen sich eine große Anzahl organischer Wasserinhaltsstoffe flüssigkeitschromatografisch besser auftrennen als es mit der Gaschromatografie und Dünnschichtchromatografie möglich ist, doch hat die *HPLC* bisher in der Wasseranalytik nur geringe Anwendung gefunden. Eine Ursache ist in den hohen Anschaffungs- und Materialkosten der Methode zu suchen. Doch darf das im Grunde kein Hindernis sein, wenn es um die Bestimmung besonders gesundheitsgefährdender Stoffe geht. Zum Beispiel wird die *HPLC* für die Routinebestimmung von polycyclischen aromatischen Kohlenwasserstoffen empfohlen [134].

Die genannten chromatografischen Methoden (*DC, HPTLC, GC* und *HPLC*) sind heute im wesentlichen so weit entwickelt, daß im Rahmen der Wasseranalytik der Schwerpunkt für weitere Fortschritte auf dem Gebiet der Vorbehandlung der Proben liegen muß, insbesondere der Isolierung und der Anreicherung [135].

Weiterführende Literatur siehe [136].

5.5.2.2. *IR-Spektroskopie*

Die IR-Spektroskopie wird zur Strukturaufklärung chemischer Verbindungen herangezogen, da mit ihrer Hilfe Schwingungs- und Rotationsverhalten von Molekülen untersucht werden kann. Die Absorption im entsprechenden IR-Bereich läßt eine Identifizierung und quantitative Bestimmung zu. Aus einem IR-Spektrum sind charakteristische Absorptionsbanden bestimmter Atomgruppen zu erwarten, die durch entsprechende Schwingungen erzeugt werden. Das sind bei Kohlenwasserstoffen insbesondere Kohlenwasserstoffgruppen, wie $>CH_2$ und $-CH_3$.

[1]) engl.: *H*igh *P*ressure *L*iquid *C*hromatography

In der Wasseranalytik wird die IR-Spektroskopie bevorzugt bei der Erfassung von Kohlenwasserstoffen, vor allen Dingen bei Mineralölen angewendet [137, 138].

Eine Direktbestimmung im wäßrigen Milieu ist in den wenigsten Fällen möglich, da die zur Anwendung kommenden Küvetten IR-durchlässig sein müssen und deshalb nicht aus Glas angefertigt sein dürfen. Häufig verwendetes Material sind NaCl- oder KBr-Scheiben, die durch Wasser schnell unbrauchbar werden. Aus diesem Grund ist meist eine Extraktion mit CCl_4 günstig, wodurch eine störungsfreie Messung der IR-Absorption möglich ist.

Die Auswertung von IR-Spektren erfordert einen Spezialisten, da insbesondere bei Gemischen, wie sie im Wasser vorliegen, eine eindeutige Identifizierung große Erfahrung verlangt. Es genügt meistens nicht, eine Atomgruppe durch eine charakteristische Absorptionsbande zu identifizieren, da durch Atomgruppierungen verschiedener Moleküle Überlappungen einzelner Absorptionsgebiete hervorgerufen werden können. Eine eindeutige Identifizierung ist durch Spektrenvergleiche von Testsubstanzen am sichersten Gewährleistet. Hierbei sind Spektren-Kataloge wertvolle Hilfsmittel [139].

Eine breitere Anwendung der IR-Spektroskopie in Wasseruntersuchungslabors ist in naher Zukunft nicht zu erwarten.

5.6. Automation in der Wasseranalytik

Die Begriffe Instrumentation, Automation und Automatisierung werden häufig nicht streng unterschieden. In diesem Abschnitt sollen Ausführungen zur Automation in der Wasseranalytik gegeben werden, wobei unter einem automatisch arbeitenden Analysensystem eine Geräteanordnung zu verstehen ist, bei der Mechanisation und Instrumentation kombiniert sind und mindestens ein Teilschritt der Analysendurchführung der menschlichen Entscheidung entzogen ist. Automatisierte Systeme unter Einbeziehung der Datenerfassung durch Computer zur selbständigen Steuerung analytischer Prozesse müssen im Rahmen dieser Darstellung unberücksichtigt bleiben.

Die Entwicklung automatischer Methoden in der Wasseranalytik hat sich aus der Notwendigkeit ergeben, zusätzliche und eine größere Anzahl Daten von Wasserqualitätsparametern zu erhalten, um infolge der allgemeinen Verschlechterung der Wasserqualität durch die verschiedensten Umwelteinflüsse eine engere und straffere Überwachung der Wasserressourcen zu gewährleisten. Je nach den gestellten Aufgaben reicht das Anwendungsgebiet automatischer Analysenmethoden von der Serienanalyse einzelner Parameter im Labor-Routinebetrieb bis zur kontinuierlichen Überwachung von natürlichen Gewässern und kontinuierlicher Betriebskontrolle in Wasseraufbereitungs- und Abwasserbehandlungsanlagen.

5.6.1. Laboruntersuchungen

Zu den automatischen Analysengeräten, die in einem modernen Wasserlabor Verwendung finden, gehören insbesondere sogenannte flow-stream-Automaten, Atomabsorptionsspektrometer, Gaschromatografen, Kohlenstoff-, CSV-Analysatoren, UV-VIS- und IR-Spektrographen. Mit ihrer Hilfe ist es möglich notwendiges Primärdatenmaterial in erforderlicher Menge und ausreichender Qualität zu gewinnen, um qualifizierte Aussagen über die Beschaffenheit von Trink-, Oberflächen-, Grund- und Abwasser geben zu können.

In diesem Zusammenhang muß betont werden, daß durch die Anschaffung automatischer Geräte keineswegs alle analytischen Schwierigkeiten behoben sind.

Vielmehr verlagern sich die experimentellen Schwierigkeiten von den rein chemischen Operationen auf die Probenvorbereitung, sachkundige Handhabung der Meßgeräte und notwendige Pflege und Wartearbeiten, die umfassende Kenntnisse über das Gerätesystem voraussetzen.

Da wie bereits erwähnt, eine verhältnismäßig große Anzahl von Wasserinhaltsstoffen photometrisch bestimmt werden, sind immer wieder Versuche unternommen worden, durch eine Automation eine Erhöhung des Probendurchsatzes pro Zeiteinheit anzustreben. Es ist deshalb nicht verwunderlich, daß die flow-stream-Automation bei Bestimmungsmethoden, die auf photometrischem Prinzip beruhen, die erste Stelle einnimmt.

Da nur optisch reine Lösungen mit Erfolg photometrisch gemessen werden können, müssen im allgemeinen Oberflächenwasser- und Abwasserproben, die fast immer Trübstoffe enthalten und Eigenfärbungen aufweisen, entsprechend vorbehandelt werden. Oft genügt eine Filtration mit Papierfiltern nicht, so daß eine Membranfiltration notwendig wird, die allerdings zeitaufwendig ist und eine kontinuierliche Arbeit erschwert. Je nach Eigenschaften des zu bestimmenden Stoffes und der Art des zu untersuchenden Wassers werden auch andere Vorbehandlungsschritte, wie z. B. Extraktion oder Aufschluß, notwendig sein.

In der DDR werden flow-stream-Automaten für wasseranalytische Arbeiten von der Fa. *VEB MLW Prüfgerätewerk Medingen* hergestellt. Diese Geräte bestehen aus einem Schlauch- und Glasröhrchensystem, das auf Grund seiner differenzierten und gut abgestimmten Abmessungen mit Hilfe einer Schlauchpumpe in der Lage ist, definierte Mengen an Probenwasser mit den entsprechenden Reagenzlösungen und Luft unter festgelegten Reaktionsbedingungen so zu transportieren und zu mischen, daß die Farbreaktion abläuft, die für den zu bestimmenden Stoff charakteristisch ist. Die Messung der Farbintensität erfolgt photometrisch in einer Durchflußküvette und wird auf Schreibstreifen registriert. Beste Kontrollmöglichkeiten sind durch periodische Eingaben von Eichlösungen gegeben.

Flow-stream-Automaten zeichnen sich durch eine hohe Arbeitsproduktivität aus. Der Wirkungsgrad dieser Geräte ist um so höher, je größer und aufwendiger die manuelle Analysentätigkeit ist. Die dafür benötigte Zeit beim automatischen Analysenablauf ist verhältnismäßig unwichtig, da diese Geräte über Nacht arbeiten können. Vorgeschaltete automatische Probenwechsler sorgen für laufenden Probennachschub, so daß eine ständige Überwachung durch Wartungspersonal unnötig wird.

Im Routinebetrieb können von einer versierten Laborantin zwei Geräte bedient werden. Das entspricht etwa der Arbeitsleistung von 10 bis 12 Laborantinnen bei üblicher manueller Tätigkeit [140]. Es wird eine große Arbeitssicherheit gewährleistet, da Dosierungen und Reaktionsbedingungen gleichbleibend exakt ausgeführt und durch Eichlösungen laufend kontrolliert werden. Bisher erwiesen sich insbesondere die Bestimmungen der Nährstoffe im Wasser, also Stickstoff- und Phosphorverbindungen, und die Eisenbestimmung in flow-stream-Apparaturen als günstig. Durch Umrüstung können mit einem Automaten verschiedene Parameter bestimmt werden. Doch sollte eine solche Umrüstung nicht so oft vorgenommen werden, damit der dabei verbundene Zeitbedarf sich nicht allzusehr auf die Arbeitsproduktivität auswirkt.

Die Anschaffung eines flow-stream-Gerätes ist dann sinnvoll, wenn im wesentlichen folgende Bedingungen erfüllt sind:

1. Für die beabsichtigte Bestimmung des zu untersuchenden Wassergüteparameters muß ein spezifisches, genügend empfindliches, manuelles Analysenverfahren vorhanden sein, das auf der Photometrie beruht und sich möglichst unverändert auf den Automaten übertragen läßt.
2. Eine Mindestanzahl wöchentlich anfallender Proben muß gewährleistet sein. VOGLER [140] gibt für eine minimale Dauerauslastung 150 Doppelbestimmungen pro Woche an. Das entspricht etwa einer 25%igen Auslastung des Gerätes im Einschichtbetrieb und würde bedeuten, daß sich bereits innerhalb eines Jahres die Anschaffungskosten amortisiert hätten.
3. Sind mehrere Wassergütekriterien zu bestimmen, wie das im allgemeinen bei Wasseranalysen der Fall ist, so lassen sich nicht alle Parameter mittels flow-stream-Automaten analysieren. Das Labor muß jedoch in der Lage sein, die anderen geforderten Parameter entweder manuell durch entsprechende Arbeitskräfte oder mit Hilfe weiterer moderner Analysengeräte zu analysieren.

5.6.2. *Kontinuierliche Wasserüberwachung*

Immer mehr setzt sich die Erkenntnis durch, daß bei der zur Zeit vorhandenen Umweltbelastung durch chemische Substanzen vielfältigster Art die Gewässerreinhaltung und -nutzung nur optimal sein kann, wenn Gütekriterien in aus-

Tabelle 15 Möglichkeiten der Bestimmung von Wassergütekriterien mit Hilfe moderner Analysentechnik in Anlehnung an VOGLER [140]

Flow-stream-Automaten	Bestimmung mit Hilfe von				
	Atomabsorptions- u. Flammenemissions-spektroskopie		Elektroden-reaktionen	sonstigen Geräten	
NO_2^- NO_3^- NH_4^+ N, org.	K Na Mg Ca	Co Ni Cu Zn	pH O_2 Leitf Cl^-	*TOC*-, *CSV*-, *BSB*- Analysatoren UV-Spektroskopie	Chromatografie: *DC* *HPLC* *GC* und Kombination mit IR oder Massen-spektrometrie
PO_4^{3-} Gesamtphosphat	Fe Mn	Cr Pb	F^- S^{2-}		*HPLC*
SiO_2 Fe	weitere Spurenelemente	Hg	NH_4^+ Na^+ NO_3^-	Organische Stoffe als Summe	Einzelne org. Stoffe und Stoffgruppen

reichender Menge zur Verfügung stehen. Die kontinuierliche Messung und Registrierung bestimmter Wassergüteparameter muß immer dann angestrebt werden, wenn Kontrolldaten lückenlos ermittelt werden sollen, um dadurch Abweichungen von festgelegten Wertebereichen schnell zu erkennen und entsprechende Gegenmaßnahmen einleiten zu können. Das ist sowohl bei der Gewässerkontrolle als auch bei der Überwachung von Wasseraufbereitungs- und Abwasserbehandlungsanlagen notwendiges Erfordernis.

5.6.2.1. Gewässerkontrolle

Zuverlässige Informationen über den Gütezustand der Gewässerressourcen sind nur durch großräumige Überwachungssysteme zu erlangen, um insbesondere folgende Probleme zu lösen:

1. Kontrolle bei Einhaltung festgelegter Grenzwerte und im Zusammenhang damit Feststellung der Auswirkung von Abwassereinleitungen.
2. Schnelles Erkennen von Havarien und Auslösung eines Warnsystems.
3. Langzeitige Datensammlung, deren Auswertung eine Tendenzermittlung ermöglicht, die z. B. Auskunft über den Wirkungsgrad von Gewässersanierungsmaßnahmen gibt.

Diese Aufgaben erfordern automatische Analysatoren, die weitestgehend unbeaufsichtigt arbeiten und kontinuierliche Messungen gewährleisten. Technisch realisiert ist das vor allem bei Methoden, die auf elektrischen und elektrochemischen Prinzipien beruhen. Die z. Z. angebotenen Meßsysteme sind im allgemeinen für die folgenden Parameter vorgesehen: Temperatur, pH-Wert, Leitfähigkeit, Chloridgehalt, Sauerstoffgehalt, Trübung, Sonneneinstrahlung, Redoxpotential.

Die automatische Analysenstation NAIADA (ČSSR) enthält außerdem ein einfaches UV-Spektrometer zur registrierenden Kontrolle organischer Wasserinhaltsstoffe.

Bedingung für alle diese Methoden, die direkt im Gewässer zur kontinuierlichen Messung eingesetzt werden, ist die laufende Zuführung des zu kontrollierenden Wassers. Das ist prinzipiell durch Eintauchelemente (z. B. Elektroden) oder Durchflußelemente (z. B. Küvetten) möglich. Eintauchelemente werden entweder direkt in das zu untersuchende Wasser getaucht oder in einem Gefäß untergebracht, dem das Wasser kontinuierlich zugeführt wird.

Die direkte Messung des zu untersuchenden Mediums hat den Vorteil, daß Fehler durch Probennahme und Probenvorbereitung ausgeschlossen sind. Allerdings sind auch mancherlei Schwierigkeiten zu überwinden. Kontinuierlich arbeitende Analysensysteme sind nicht billig. Deshalb muß bereits die Auswahl der Meßgrößen und Meßstellen mit großer Sachkenntnis erfolgen, um Fehlinvestitionen zu vermeiden. Ohne intensive Voruntersuchungen ist es zumindest fahrlässig, zu entscheiden, welche Meßgrößen zur Lösung des anstehenden Problems unbedingt notwendig sind.

Grundsatz muß es sein, möglichst aussagekräftige Daten mit einer relativ geringen Anzahl von Analysatoren und Stationen zu erzielen. Malz [141] unterscheidet je nach Aufgabe, Größe und Instrumentation Meßstationen verschiedener Ordnung. Durch eine solche Gliederung kann ein Kontrollnetz den jeweiligen Aufgabenstellungen angepaßt werden.

Weiterhin muß entschieden werden, ob feste stationäre oder bewegliche Stationen einzurichten sind. Dabei muß bereits an die Sicherung der zu installierenden Meßeinrichtung vor fremden Eingriffen gedacht werden.

Bei festen Stationen, die weitestgehend am Ufer des zu untersuchenden Gewässers aufgebaut werden, wird das Wasser mit Hilfe von Unterwasserpumpen zu den entsprechenden Meßsonden geführt. Für die Entnahmestelle gelten die allgemeinen Regeln der Probennahme. Wichtig ist, welche Parameter gemessen werden sollen, da durch unsachgemäße Förderung Fehler verursacht werden können.

Am problematischsten ist die Sauerstoffmessung, bei der jeder Lufteintrag oder Entgasungsvorgang ausgeschlossen werden muß. Die Förderstrecke soll deshalb möglichst kurz sein, wobei das Wasser nicht durch die Rohrleitung gesaugt, sondern gedrückt werden sollte.

Bei Messung der Trübung ist eine schonende Förderung notwendig. Hier haben sich Exzenter-Schneckenpumpen bewährt.

Auch besteht die Möglichkeit, die Meßsonden direkt in das Gewässer einzubringen, wenn diese auf Flößen oder Bojen untergebracht sind. Bei stark schwankender Wasserführung ist diese Art der Messung von Vorteil, da die Messung stets bei gleichbleibender Eintauchtiefe erfolgt.

Aus Gründen der Mehrfachnutzung ist es in manchen Fällen vorteilhaft, zubringen, die bei Bedarf an anderen Einsatzorten auf vorgefertigten Funda- die gesamte Meßeinrichtung in transportablen Meßhäuschen (Container) untermenten aufgesetzt werden. Bereits bei der Planung dieser Meßstellen ist das Problem der Energiezuführung zu beachten.

Weiterhin ist die Installation eines automatischen Meßsystems auf einem Wagen oder einem Boot entsprechender Größe möglich.

Alle kontinuierlichen Messungen sollen möglichst wartungsarm verlaufen. Doch ergeben sich immer wieder große Schwierigkeiten durch Verschmutzung, Verstopfung und Beschädigung der Meßsonden bzw. der Zuleitungen. Um eine relativ große Verschmutzungsunabhängigkeit zu erreichen, werden verschiedene Maßnahmen angewendet. U. a. werden sogenannte „gewischte Elektroden" eingesetzt, die einen besonderen Reinigungsmechanismus besitzen [142].

Bei der Einrichtung automatischer Kontrollstationen ist eine weitere Frage rechtzeitig zu beantworten: Wie soll die anfallende Datenflut sinnvoll ausgewertet werden?

Hierzu gehören Datenerfassung, -sammlung und -verarbeitung. Für die Datenerfassung gibt es drei Möglichkeiten:

1. Registrierung durch Linien- oder Punktschreiber
2. Registrierung durch Drucker in digitaler Form
3. Registrierung durch Lochstreifen oder Magnetbänder.

Jede Art der Datenerfassung hat Vor- und Nachteile, so daß nach dem Arbeitsziel entschieden werden muß, welcher Möglichkeit der Vorzug gegeben wird.

Die Schreiberaufzeichnung ist weitverbreitet. Die aufgezeichneten Kurven lassen leicht Maximal- und Minimalwerte erkennen und machen Trends deutlich. Statistische Auswertungen können jedoch nicht unmittelbar vorgenommen werden.

Mit einer Druckeraufzeichnung wird der entgegengesetzte Effekt erreicht. Einer unmittelbaren statistischen Auswertbarkeit in einem digitalen Rechner steht die schlechte Anschaulichkeit des Zahlenmaterials gegenüber.

Günstige Voraussetzung für eine Speicherung und spätere Weiterverarbeitung großer Mengen an Daten besteht in ihrer Aufzeichnung auf Lochstreifen und Magnetbändern. Allerdings ist hier eine Verbindung mit einem Dechiffriergerät und Schreiber für die schnelle Beurteilung einer Augenblickssituation sinnvoll.

Großräumig aufgebaute Meßnetze mit mehreren Stationen erfüllen nur dann ihre Aufgaben, wenn die anfallenden Daten in einem Rechner weiterverarbeitet werden, um z. B. bei Grenzwertüberschreitungen sofort Alarm auszulösen oder für Trendeinschätzungen aussagekräftige Tabellen und Grafiken zu liefern. Um das überhaupt realisieren zu können, muß Klarheit darüber bestehen, in welcher Form die in den verschiedenen Meßstationen erhaltenen Meßergebnisse zu dem Rechner übertragen werden und ob eine kontinuierliche Fernübertragung zu einer zentralen Station den erwarteten Nutzen bringt.

Soll eine kontinuierliche Wasserüberwachung optimal sein, so muß eine automatische Probensammlung und -speicherung vorgesehen sein, die in der Lage ist, in programmierten Zeitabständen selbständig Proben zu entnehmen. Meist können solche automatischen Wasserprobenentnahmegeräte, wie das WPG72 der Fa. *VEB Kombinat Technisches Glas Ilmenau*, mit 24 *l*-Flaschen beschickt werden. Füllzeit (15, 30, 45, 60, 90, 120, 180 oder 360 min) und Volumen (1 *l*, 2 × 0,5 *l* oder 4 × 0,25 *l*) lassen sich nach Belieben einstellen. Damit wird es ermöglicht, Wasserproben von bestimmten Tages- und Nachtzeiten zur Verfügung zu haben, die im Bedarfsfall im Labor auf zusätzliche Wasserkriterien, wie z. B. Phosphat, Nitrat, Ammonium, *CSV* und *TOC*, untersucht werden können.

Weiterführende Literatur siehe [143, 144].

5.6.2.2. *Betriebsüberwachung*

Ein wichtiges Anwendungsgebiet automatischer Analysengeräte ist die kontinuierliche Betriebskontrolle. Unter diesem Begriff soll im weitesten Sinne sowohl die Aufbereitungskontrolle in Wasser- und Kraftwerken und Überwachung betrieblicher Wasserkreisläufe als auch die Kontrolle von Abwasserbehandlungsanlagen (Kläranlagen) und die Überwachung des Abwassers von Produktionsbetrieben verstanden werden.

Hierbei sind besondere Erschwernisse zu überwinden und es ist bei dem weiten Anwendungsbereich schwer, für alle Belange kontinuierlich arbeitende Analysenverfahren einzusetzen.

Am verbreitetsten sind elektrochemische Methoden, deren spezielle Meßfühler es gestatten, Messungen ohne besondere Probenvorbereitung zu ermöglichen. Dazu gehören die Messung des pH-Wertes, des Sauerstoffgehaltes, der elektrischen Leitfähigkeit und einiger Ionen mittels sensitiver Elektroden (z. B. Cl^-, F^-).

Das bedeutet, daß in solchen Fällen neben der Meßkette eine Meßwertübertragung gewährleistet sein muß, um dadurch die erhaltenen Meßwerte auf einem Anzeigegerät und einem Schreiber sichtbar zu machen. Weiterhin müssen Hinweise über mögliche Elektrodenverschmutzungen durch Schwebstoffe, Ölfilme, Algen oder Eisenhydroxid- und Kalkablagerungen beachtet werden, da sich daraus Folgerungen für die Wartung der gesamten Meßeinrichtung ergeben. Dazu gehören

- die Aufstellung der Meßeinrichtung an einem möglichst vor fremden Eingriffen sicheren Ort, der für das Wartungspersonal leicht zugänglich ist.
- eine günstige Anordnung der Elektroden, die eine schnelle Beseitigung von Verschmutzungen und eventuelle Auswechslung defekter Teile ermöglicht.
- Schaffung der Möglichkeit einer Überprüfung der Anlage durch Eichung der Meßkette an Ort und Stelle.

Weiterhin sind es photometrische Methoden, die z. B. zur Steuerung des Betriebes von Wasseraufbereitungsanlagen Verwendung finden. Genannt seien Analysatoren zur Bestimmung der Trübung, des Calciums und Magnesiums, der Kieselsäure, des Eisens, Aluminiums und des Phosphats der Fa. *CKD Dukla* (*ČSSR*), die insbesondere für den Kraftwerksbetrieb geeignet sind.

Umfang und Art kontinuierlicher Kontrollmaßnahmen für Abwasserbehandlungsanlagen können nicht schematisch festgelegt werden. Hier spielt die Menge und „Qualität“ des zu reinigenden Abwassers eine Rolle [144].

5.7. Zur Bewertung analytischer Methoden

Sorgfältigstes chemisch-analytisches Arbeiten mit vollkommenen Methoden schließt keineswegs aus, daß die erhaltenen Meßergebnisse mit Fehlern behaftet sind.

Eine deshalb notwendige Bewertung analytischer Methoden und Analysenverfahren setzt selbstverständlich strenge Objektivität voraus und darf nicht von subjektiven Abschätzungen abhängen. Insbesondere die Frage nach der Genauigkeit und Richtigkeit eines Verfahrens muß beantwortet werden. Das ist mit der statistischen Fehlertheorie weitestgehend möglich [145—147]. Damit ermittelte Fehler eines Verfahrens sind allerdings nur durch experimentelle Arbeiten zu verringern oder zu beseitigen.

Erweitertes Wissen über die Wirkung extremer Spurenkonzentrationen bestimmter Stoffe erfordert zu deren Nachweis eine immer größere Perfektion analytischer Methoden, so daß die Erhöhung der Genauigkeit von Meßergebnissen und deren Richtigkeit, d. h. dem wahren Gehalt eines Stoffes möglichst nahe zu kommen, zu einem der schwierigsten Probleme in der analytischen Chemie gehört. Es ist leider eine Tatsache, daß auch reproduzierbare Ergebnisse nicht immer ihre Richtigkeit garantieren. Je geringer die zu bestimmenden Konzentrationen sind (<1 mg/l), umso mehr steigt der Einfluß systematischer Fehler. Unter diesen Umständen kann eine statistische Auswertung sinnlos werden, da die Voraussetzung der Gültigkeit einer Normalverteilung der Fehler nicht gegeben ist [148]. Der Analytiker muß dann Sorge tragen, die Quelle systematischer Fehler zu erkennen und weitestgehend auszuschalten.

Nicht nur statistisch definierte Kriterien, wie Nachweisgrenze [149, 150] und Erfassungsgrenze [151] haben ihren festen Platz bei Bewertung eines Analysenverfahrens, desgleichen die Beurteilung der Selektivität und Spezifität und Angaben über die Ökonomie führen zu erwünschten Bewertungsgrößen.

Ökonomische Parameter ergeben sich aus Aufwand und Nutzen. Der Aufwand bei chemisch-analytischen Untersuchungen drückt sich in den Analysenkosten aus, die sich folgendermaßen unterteilen lassen:

— Kosten chemischer Labors mit entsprechender technischer Ausrüstung (Gas, Wasser, heiß, kalt, Dampf, elektr. Anlagen, Entlüftung usw.)
— Kosten von Geräten und Chemikalien
— Kosten der Arbeitskräfte (Spezialausbildung!)
— Analysenzeitbedarf.

Schon schwieriger ist es, den Nutzen chemisch-analytisch ermittelter Meßergebnisse auszuweisen. Dieser ergibt sich z. B. durch die Kostenverringerung, die durch die Bereitstellung von Analysendaten zur Qualitätskontrolle erzeugter Produkte erzielt werden. Bei Routineuntersuchungen ist der Nutzen einer Gewässerüberwachung oder die Überwachung von Betriebsabläufen und damit verbundener Prozeßsteuerung am besten überschaubar. Dagegen ist der Nutzen, der durch Zentral- und Forschungslabors, die mit teuren Geräten ausgerüstet sind, oft nicht sofort meßbar, da sich dieser oft erst nach Jahren exakt feststellen läßt.

Immer dort, wo eine gesundheitsschädliche Wirkung von Stoffen nicht auszuschließen ist, kann der Nutzen, der durch chemisch-analytische Untersuchungen erzielt wird, nicht hoch genug eingeschätzt werden. Das sollte bei allen ökonomischen Betrachtungen stets im Vordergrund stehen. Unter diesem Gesichtspunkt muß auch der Einsatz der Analytik im Rahmen notwendiger Grundlagenforschung gesehen werden.

Tabelle 16: In der Wasseranalytik angewendete Analysenmethoden

Methode	Zeitaufwand		Nachweisgrenzen	Gerätekosten
	Vorbereitung	Messung		
Gravimetrie	× × ×	× ×	10^{-4} g	×
Titrimetrie	× ×	× ×	10^{-7} g	×
Kolorimetrie	× ×	×	10^{-8} g	×
Photometrie	× ×	×	10^{-9} g	× ×
Elektrochemische Methoden	×	×	10^{-5} g	× ×
AAS, Flamme	× ×	×	10^{-10} g	× × ×
AAS, flammenlos	× ×	×	10^{-12} g	× × × ×
AES	× ×	×	10^{-10} g	× × ×
UV-Spektroskopie	×	×	10^{-5} g	× × ×
IR-Spektroskopie	× ×	×	10^{-5} g	× × ×
Dünnschichtchromatografie	× ×	× ×	10^{-6} g	× ×
Gaschromatografie	× ×	×	10^{-9} g	× × ×
Massenspektrometrie	× ×	×	10^{-12} g	× × × ×

× = gering
× × = mittel
× × × = hoch
× × × × = sehr hoch

In Tab. 16 sind in der Wasseranalytik häufig angewendete Methoden zusammengestellt und einige Kriterien aufgeführt, die bei der Bewertung von Analysenverfahren zu beachten sind.

Weiterführende Literatur siehe [152—157].

5.8. Erfordernisse der chemischen Wasseranalytik

Aus den bisherigen Ausführungen ist zu erkennen, daß in der analytischen Chemie eine immer größere Differenzierung nach einzelnen Methoden erfolgt.

Der Analytiker wird damit immer mehr in eine Spezialistenrolle innerhalb eines äußerst engen Gebietes gedrängt und hat bereits Mühe auf seinem Fachgebiet umfassend orientiert zu sein. Andererseits ist es gerade der Umweltschutz, der die Zusammenarbeit verschiedener Fachdisziplinen erfordert, insbesondere wenn diese für ihre Arbeit chemisch-analytisch gewonnene Daten benötigen. Gegenseitiges Verständnis für die Probleme der anderen ist deshalb Voraussetzung für die zu lösenden Aufgaben. KAISER [151] führt dazu aus:

„Weil die Resultate der Umweltanalytik von so gravierenden Gewicht sind, weil sie zu meist entscheidenden Beeinflussungen von länderübergreifenden Auswirkungen führen und weil der Analytiker nur bei Kenntnis der Tragweite seiner Resultate angemessen arbeiten kann, ist die Kooperation mit anderen Fachleuten unabdingbar. Umweltanalytik ist somit nicht länger Entscheidungshilfe, sondern entscheidungsbestimmend.“

Im Hinblick auf das Ziel seiner Untersuchungen bzw. der zu lösenden problemorientierten Aufgaben muß der Analytiker seine Methoden kritisch und optimal anwenden. Er muß bestrebt sein, für die Untersuchung als bedeutungsvoll erkannter Wasserinhaltsstoffe Methoden zu verwenden, die es möglich machen, bei Erfordernis möglichst niedrige Konzentrationen zu messen, soweit das der derzeitige technische Entwicklungsstand erlaubt.

Zweifellos ist damit ein Punkt angesprochen der immer wieder Diskussionen auslöst, nämlich die Kostenfrage für solche leistungsfähigen Wasserlabors, die dem derzeitigen technischen Entwicklungsstand entsprechen. Nur langsam wächst das Verständnis, daß die heutigen hohen Anforderungen an die analytische Chemie auch mit hohen Kosten verbunden sind. ALIMARIN [158] bemerkt dazu:

„Eine Schlußfolgerung für uns alle ist die, daß die analytische Chemie immer teurer wird, weil komplizierte und teure Geräte und hochqualifizierte Spezialisten zu ihrer Bedienung erforderlich sind. Dabei muß man z. B. bei der Betriebskontrolle auch im Auge behalten, daß die Gerätekosten nur einen kleinen Teil der Gesamtkosten ausmachen. Es wurde errechnet, daß die Ausgaben für die analytische Kontrolle insgesamt 0,5 bis 1% der Gesamtproduktionskosten eines gegebenen Produkts betragen.“

Innerhalb der Wasserwirtschaft ist dieses Problem durch Schaffung von Zentrallaboratorien zu lösen, die folgende Vorteile haben:

1. Vorhandensein modernster Analysentechnik und Gewährleistung der vollen Auslastung dieser kostspieligen Geräte
2. Lösung spezieller Forschungsaufgaben und von Sonderproblemen, einschließlich detaillierter Untersuchungen bei der Aufklärung von Havariesituationen und unbekannter Störfaktoren im Wasser durch erfahrene Spezialisten.

In den normalen wasseranalytischen Routinelabors werden dagegen die „Tagesaufgaben“ bewältigt.

Solche modernen Routinelabors sollten ihren Aufgaben entsprechend folgende gerätetechnische Ausrüstung besitzen:

- pH-Meßgeräte, dazugehörige Glaselektroden, eventuell eine Anzahl von ionenselektiven Elektroden
- Leitfähigkeitsmeßgeräte
- Sauerstoff-Meßgeräte mit membranbedeckten Elektroden
- Photometer
- Flow-stream-Automaten
- Atomabsorptionsspektrograf
- Einrichtung für Dünnschichtchromatografie
- *TOC*-Analysator.

Eine sinnvoll und schnelle Auswertung der in einem Labor anfallenden Daten ist heute und in naher Zukunft ohne Einsatz elektronischer Datenverarbeitung nicht mehr möglich.

Zentrallaboratorien benötigen außerdem:

- UV-Spektrografen
- IR-Spektrografen
- Gaschromatografen, möglichst gekoppelt mit einem
- Massenspektrometer

Für die Wasserpraxis bedeutungsvoll ist außerdem eine „Schnellanalytik" möglichst an Ort und Stelle. Hierbei steht die Forderung, insbesondere in Notsituationen qualitative und quantitative Aussagen zu erhalten, wobei Fehler um 10% [159] noch akzeptabel sind. Auf diesem Gebiet sind in letzter Zeit Fortschritte erzielt worden, z. B. werden „tragbare Wasserlaboratorien" angeboten, deren Koffer ein Photometer enthält. Die Reagenzien befinden sich in Einwegküvetten. Der Benutzer braucht nur mit einer Pipette eine bestimmte Menge der Probenflüssigkeit in die Küvette einzufüllen, das Reagenz durch Schütteln zu lösen und schließlich zu messen. Auch einfachere Systeme wurden bereits entwickelt [160].

Der Ring für eine möglichst einwandfreie und weitestgehende Überwachung schließt sich mit Hilfe automatischer Meßstationen, die durch laufende Kontrolle bestimmter Wassergüteparameter und gleichzeitiger Probensammlung auf unvorhergesehene Ereignisse aufmerksam machen und in Havariefällen eine Lokalisierung des Schadens ermöglichen.

Voraussetzung ist der Aufbau eines weitverzweigten Meßstellennetzes, wobei auch hier der Datenerfassung und -verarbeitung, die eine schnelle Umsetzung der erhaltenen Daten in zu treffende Maßnahmen möglich machen, eine wesentliche Rolle zukommt. Neben der genannten Alarmauslösung in Havariefällen und der kurzfristigen Feststellung der aktuellen Wassergütesituation ist durch eine angeschlossene Datenverarbeitung eine langfristige statistische Datenauswertung gegeben, die eine Einschätzung der Entwicklung der Wassergütesituation zuläßt.

Es kann gesagt werden, daß die chemische Wasseranalytik seit ca. 15 Jahren eine steile Aufwärtsentwicklung erfährt. Sie wächst mit den ihr gestellten Aufgaben, kann diese allerdings nur befriedigend lösen, wenn sie über Fachleute und Arbeitsmittel verfügt, die dem heutigen hohen Niveau entsprechen. In diesem Zusammenhang muß noch einmal darauf hingewiesen werden, daß auch in der Wasseranalytik der laufenden Weiter- und Neuentwicklung moderner Methoden und Geräte größte Aufmerksamkeit gewidmet werden muß, angefangen von der notwendigen Anwendung der „integralen Analyse" — d. h. Anwendung der Kopplung verschiedenartiger Analysenverfahren — über die Entwicklung kontinuierlicher optischer Verfahren mit Lasern bis zum Einsatz von Mikroprozessorsystemen [161], die den Bedienungskomfort moderner Geräte entscheidend verbessern und erstaunliche Möglichkeiten der Meßdatenerfassung, -auswertung, und -weiterverarbeitung und Prozeßsteuerung eröffnen.

6. Die Beurteilung von Wasser

Die Beurteilung eines Wassers muß immer dann erfolgen, wenn Wasser für einen bestimmten Nutzungszweck gebraucht wird. Damit verbunden ist eine entsprechende Qualitätsanforderung für das Wasser, eine bestimmte Wassergüte. Diese Anforderung muß sich je nach Verwendungszweck auf gewissen Wasserbeschaffenheitskriterien beschränken, da bei der Vielzahl der Wasserinhaltsstoffe eine Beurteilung durch eine „Gesamtanalyse" nicht möglich ist. Als Grundlage für die Beurteilung eines Wassers hat sich in der Wasserpraxis im Laufe ihrer Entwicklung die Aufstellung von Grenz- und Richtwerten bestimmter Wasserinhaltsstoffe als zweckmäßig erwiesen.

Unter Grenzwerten sind maximal zulässige Konzentrationen bestimmter Stoffe im Wasser zu verstehen, die für einen bestimmten Nutzungszweck festgelegt wurden. In den Trinkwassergütebedingungen der DDR (TGL 22433) ist folgende Definition zu finden:

„*Die Grenzwertkonzentrationen sind in der Menge festgelegt, daß selbst ein ständiger Genuß des Trinkwassers gesundheitlich unbedenklich ist, wenn zufällig alle aufgeführten Inhaltsstoffe enthalten sein sollten.*"

Die Richtwertkonzentrationen geben die möglichst einzuhaltende bzw. anzustrebende Menge der Inhaltsstoffe eines Wassers für einen bestimmten Nutzungszweck an.

Sowohl Grenz- als auch Richtwerte sind in vielen Fällen auf Grund langjähriger Erfahrungen empirisch festgesetzt worden. Für die Beurteilung eines Wassers ist die Kenntnis dieser Tatsache sehr wichtig, da damit klar zum Ausdruck kommt, daß Grenz- und Richtwerte keine unumstößlichen Größen sind und keinesfalls als eine Art „Naturkonstanten" angesehen werden dürfen. Hierin besteht die eigentliche Problematik, die die Beurteilung eines Wassers so schwierig macht. Einige wichtige Punkte müssen deshalb unbedingt beachtet werden:

1. Einzelne Grenz- und Richtwerte von Wasserinhaltsstoffen genügen keinesfalls für die Beurteilung eines Wassers. Vielmehr müssen eine Reihe von Faktoren berücksichtigt werden, angefangen von den Kenntnissen über die Herkunft eines Wassers bis zu dessen Verwendungszweck. Auch muß eingeschätzt werden, ob hydrobiologische, bakteriologische oder toxikologische Unter-

suchungen zur Ergänzung der chemischen Befunde herangezogen werden müssen. Die Verantwortung für die hygienische Sicherung der Trinkwasserversorgung trägt das Gesundheitswesen und wird von den Organen der Staatlichen Hygieneinspektion wahrgenommen.

2. Bei der Beurteilung eines Wassers muß zwischen unerläßlichen und erwünschten die Wassergüte beeinflussenden Wasserinhaltsstoffen unterschieden werden. Zum Beispiel ist es unerläßlich, daß die Grenzwerte von toxischen Stoffen im Trinkwasser keinesfalls überschritten werden. Dagegen sind bei erwünschten Anforderungen gewisse Abstriche von Fall zu Fall möglich. Bei Trinkwasser sind solche Grenzwertüberschreitungen nur erlaubt, wenn es sich um keine organoleptischen, toxikologischen, mikrobiologischen und radiologischen Kriterien handelt, allerdings auch dann nur mit Genehmigung der betreffenden Hygieneinstitution.
3. Obwohl weltweit anerkannt ist, daß Trinkwasser keine gesundheitsgefährdenden chemischen Substanzen und Mikroorganismen enthalten darf und darüberhinaus kühl, klar, farblos, ohne Geruch und unangenehmen Geschmack sein soll, muß eine Beurteilung die jeweilige Wassersituation in einem Land berücksichtigen, so daß gewisse Wassergütekriterien in einem Gebiet noch akzeptiert werden müssen, die in einem anderen Lande bereits undiskutabel sind. Das bezieht sich insbesondere auf die Kriterien Temperatur, Geschmack und Salzgehalt.
4. Ausgehend von den oft in der Fachliteratur zu findenden uneinheitlichen und widersprüchlichen Angaben über die toxischen bzw. schädlichen Eigenschaften der Inhaltsstoffe des Wassers müssen Grenz- und Richtwerte in gewissen Zeitabständen entsprechend neuesten wissenschaftlichen und technischen Erkenntnissen überprüft und auf Grund neuer synthetisch hergestellter Stoffe, ergänzt werden.
5. Durch den hohen Entwicklungsstand der Analysentechnik ist es möglich, Wasserinhaltsstoffe in solchen geringen Konzentrationen nachzuweisen und zu bestimmen, wie sie bisher nicht zur Diskussion standen. Bei der Beurteilung eines Wassers müssen demzufolge Kenntnisse über untere Erfassungsbzw. Nachweisgrenzen und über damit verbundene Meßwertfehler vorhanden sein.
6. Jede Beurteilung eines Wassers wird erschwert, wenn die zur Verfügung stehenden Analysendaten oder Grenz- und Richtwerte verschiedener Institutionen und Länder auf verschiedenen Maßsystemen beruhen. Voraussetzung für eine weltweite Vergleichbarkeit von Meßwerten ist ein international anerkanntes einheitliches Maßsystem.

Weiterführende Literatur siehe [162].

6.1. Ein einheitliches Maßsystem im Wasserfach

Gerade im Wasserfach sind auf Grund der historischen Entwicklung unterschiedliche und veraltete Begriffe und Dimensionen zu finden. Diese Begriffe haben sich aus den Erfordernissen der Praxis ergeben. Ein typisches Beispiel ist der Härtebegriff. Für die „Härte" werden in den verschiedenen Ländern die unterschiedlichsten Maßeinheiten verwendet:

DDR und BRD 1° dH (deutsche Härte)	= 10,0 mg/CaO
Großbritannien 1° eng. H (englische Härte)	= 10,0 mg $CaCO_3$ in 0,7 *l*
USA 1° aH (amerikanische Härte)	= 10,0 mg/*l* $CaCO_3$

Chemische Grundlage des Härtebegriffs ist die Konzentration an Calcium- bzw. Magnesiumionen. Diese Ionenkonzentrationen sollten an Stelle der „Härte" angegeben werden.

Für die Angabe der Konzentration der Wasserinhaltsstoffe ist in vielen Ländern, darunter der DDR, die Dimension mg/*l*, d. h. die auf ein Volumen bezogene Stoffmenge üblich. Für alle durch eine chemische Formel definierte Wasserinhaltsstoffe wurde seit Jahren die Dimension val/*l*, d. h. Zahl der Äquivalente des Stoffes bezogen auf 1 Liter, angestrebt. Im englisch-amerikanischen Schrifttum tritt verbreitet die Konzentrationsangabe ppm (part per million) auf. Hier wird 1 Milligramm auf 1 Kilogramm bezogen. Häufig sind auch Angaben in Prozent (Massen-% bzw. Volumen-%) zu finden.

Allein diese wenigen Beispiele zeigen, wie wichtig es ist, ein weltweit anerkanntes Maßsystem zu haben und zu verwenden. Ein solches System, bezogen auf alle Einheiten und Symbole physikalisch-technischer Größen soll durch das „*Systeme — International d' Unités*", durch die SI-Einheiten verwirklicht werden [163]. Von den 7 Basisgrößen dieses Systems wird als Dimension für eine Stoffmenge das Mol (mol) angegeben. Um in dem in der Wasseranalyse üblichen Konzentrationsbereich zu bleiben, ist eine Angabe in mmol (Millimol) günstig. Weiterhin wird vorgeschlagen [60], diese Größe nicht auf das Volumen von 1 Liter, sondern auf 1 Kubikmeter (m^3) zu beziehen. Das ist besonders für die Wasserwirtschaft von Vorteil, da sowohl in der Wasseraufbereitung als auch der Abwasserbehandlung die Volumeneinheit m^3 hauptsächlich gebraucht wird.

In Tab. 17 sind einige Beispiele für die Umrechnung von Konzentrationen bestimmter Wasserinhaltsstoffe in mg/*l* auf mmol/m^3 angegeben.

Wenn auch diese Dimension mmol/m^3 im Wasserfach ungewöhnlich erscheint, und es sicherlich zunächst unbequem ist, alteingefahrene Gleise zu verlassen, so muß doch die Einheitlichkeit des Maßsystems den Vorrang haben. Für die „Übergangszeit" ist es ratsam neben der neuen auch die „alte" Dimension anzugeben.

Weiterführende Literatur siehe [164, 165].

Tabelle 17: Beispiele für die Umrechnung von Analysenergebnissen

	Angabe in mg/*l*	Angabe in mmol/m^3
Natrium, Na^+	1	43,5
Kalium, K^+	1	25,6
Calcium, Ca^{2+}	1	25,0
Magnesium, Mg^{2+}	1	41,2
Eisen, Gesamt-Fe	1	17,9
Mangan, Gesamt-Mn	1	18,2
Ammonium, NH_4^+	1	55,5
Chlorid, Cl^-	1	28,2
Sulfat, SO_4^{2-}	1	10,4
Nitrat, NO_3^-	1	16,1
Nitrit, NO_2^-	1	21,7
Phosphat, PO_4^{3-}	1	10,5
org. Kohlenstoff, C	1	83,3
Sauerstoff, O_2	1	31,3

6.2. Güteanforderungen an Trinkwasser

Zweifellos ist der wichtigste Verwendungszweck von Wasser seine Nutzung als Trinkwasser.

An Wasser, das für den direkten menschlichen Genuß bestimmt ist, müssen hohe Güteanforderungen gestellt werden, entsprechend streng sind die Beurteilungskriterien.

Zur Beurteilung der Trinkwasserqualität im Weltmaßstab hat die Weltgesundheitsorganisation (*WHO*) in den „*International Standards for Drinking Water*" [166] Minimalforderungen erhoben. Das heißt allerdings nicht, daß nicht jedes Land bemüht sein sollte, eine höhere Trinkwasserqualität anzustreben. Wie bereits erwähnt, hängt das von mehreren Faktoren ab, u. a. von der Wassersituation in einem Lande, der industriellen Entwicklung und der Intensivierung der Landwirtschaft.

Der Forderung nach Verbesserung der Trinkwasserqualität tragen die „*European Standards for Drinking Water*" und die Standards verschiedener Länder Rechnung, deren Güteanforderungen über die genannten Minimalforderungen hinausgehen.

Allgemeine Anforderungen an Trinkwasser sind:

- Trinkwasser muß frei von Krankheitserregern und Stoffen sein, die die Gesundheit schädigen können.
- Trinkwasser muß keimarm und seiner Herkunft her appetitlich sein.

— Trinkwasser soll farblos, klar, kühl, frei von fremdartigem Geruch und Geschmack sein, so daß es gern getrunken wird.
— Wasser für häusliche und gewerbliche Zwecke soll nicht zu viel Salze, insbesondere Calcium-, Magnesium, Eisen-, Manganionen und organische Stoffe enthalten.
— Trinkwasser soll keine Korrosion hervorrufen, es soll im Kalk-Kohlensäure-Gleichgewicht stehen.
— Trinkwasser soll stets in genügender Menge zur Verfügung stehen.

In Tab. 18 sind Grenzwerte ausgewählter Wasserinhaltsstoffe aufgeführt, deren Einhaltung bzw. Unterschreitung für eine gute Trinkwasserqualität unerläßlich ist.

Tabelle 18: Grenzwerte für ausgewählte Wasserinhaltsstoffe (Trinkwasser) in mg/*l*, in Anlehnung an Carlson [167]

Substanz	*WHO*-Grenzwerte 1982	UdSSR 1970	DDR 1973
NH_4^+	0,05	0,5	n. n. ... 0,1
As	0,05	0,01 ... 0,05	n. n. ... 0,05
Ba^{2+}	1,0	1,0	
Pb^{2+}	0,05	0,05	n. n. ... 0,1
Cd^{2+}	0,005	0,01	
Ca^{2+}	75 ... 200		280
Cl^-	250	250	250 ... 350
Cr^{6+}	0,05	0,05	
CN^-	0,1	0,01 ... 0,2	
Fe	0,3	0,3	0,1 ... 0,3
F^-	1,5	0,8 ... 3,4	1,0 ... 1,3
Cu^{2+}	0,05	1,0	n. n. ... 1,0
Mg^{2+}	150		70 ... 125
Mn^{2+}	0,1	0,05	0,05 ... 0,1
NO_3^-	45	45	20 ... 40
Phenol	0,002	0,001	n. n. ... 0,003
Hg	0,001		
Se	0,01	0,01	
SO_4^{2-}	400	250	250 ... 400
Zn^{2+}	5	5	2 ... 5

In der DDR ist seit 1. 1. 1973 die Trinkwasser-TGL, Nr. 22433 verbindlich. Bei der schnellen Erweiterung unserer Kenntnisse über Wasserinhaltsstoffe machen sich bereits Ergänzungen und Verbesserungen notwendig. Das bezieht sich insbesondere auf die Aufnahme spezieller organischer Stoffe und Stoffgruppen.

6.3. Güteanforderung an Betriebswasser

Für gewerbliche, landwirtschaftliche und industrielle Zwecke ist die Verwendung von Trinkwasser nicht in jedem Fall uneingeschränkt möglich. Häufig sind spezielle Qualitätsansprüche zu berücksichtigen, andererseits wird in vielen Fällen keine Trinkwasserqualität benötigt.

Selbstverständlich muß Wasser für den Haushalt und für Betriebe der Lebensmittelindustrie Trinkwasserqualität besitzen, desgleichen Betriebe der Feinpapier- und Textilindustrie. Darüberhinaus werden z. B. für die Herstellung vieler Arzneimittel und Kosmetika besonders hohe Anforderungen an das Betriebswasser gestellt. Trinkwasser muß dann unter Umständen destilliert werden oder über Ionenaustauscher gereinigt werden.

Besondere Bedeutung hat Wasser für die Landwirtschaft, sowohl zum Viehtränken als auch zur Bewässerung. Während Tränkwasser für das Vieh Trinkwasserqualität aufweisen soll, darf zur Bewässerung von Wiesen und Feldern auch anderes Wasser verwendet werden, wenn es weder die bewässerten Pflanzen schädigt, noch gesundheitsgefährdend auf Mensch und Tier wirkt, sofern diese Pflanzen als Nahrung aufgenommen werden.

Für die Bewässerung (Berieselung und Beregnung) mit Abwässern gelten strenge Bestimmungen, die den in Abwässern enthaltenen pathogenen Mikroorganismen Rechnung tragen.

Der größte Teil des von der Industrie benötigten Wassers wird zu Kühlzwecken verwendet. Hierzu braucht das Wasser keine Trinkwasserqualität aufzuweisen. Allerdings werden folgende Forderungen gestellt:

Kühlwässer sollen nicht korrosiv wirken. Durch Temperatureinfluß soll das Wasser nicht aggressiv werden. Der Grenzwert für Carbonathärte ist deshalb 6° dH, der pH-Wert soll zwischen 7,2 und 8,3 liegen. Zu alkalisches Wasser laugt das Holz der Kühltürme aus (Lösen des Lignins). Oxydierende Stoffe verstärken die Zerstörung, so daß der Chlorgehalt 1 mg/*l* nicht überschreiten soll. Durch die Verwendung des Kühlwassers im Kreislauf kommt es zu Verdunstungsverlusten, und im Wasser vorhandene Salze reichern sich an. Der Abdampfrückstand soll 3000 mg/*l* nicht überschreiten, da hohe Chlorid-, Sulfat- oder Nitratgehalte bei erhöhter Temperatur und im Zusammenwirken mit Sauerstoff leicht metallaggressiv wirken. Grenzwerte für Sulfationen sind 500 mg/*l*, für Chloridionen 400 mg/*l*. Kühlwasser darf weiterhin keine Öle und Fette enthalten, da diese einen schlechten Wärmedurchgang verursachen. Eisen- und Manganionen sind unerwünscht, sie tragen zu Rohrleitungsverstopfung bei. Das gilt auch für organische Stoffe, die Bakterien- oder Pilzwachstum fördern können.

Höchste Güteanforderungen werden an Kesselspeisewässer gestellt. Die damit verbundenen Probleme sind so vielfältig, daß sich die Kesselspeisewasserchemie im Rahmen der Wasserchemie zu einer selbständigen Wissenschaft entwickelt.

Da durch die Verwendung nicht ordnungsgemäß aufbereiteten Kesselspeisewassers für Menschen und Anlagen größte Gefahren entstehen, müssen an die Aufbereitungs- und Untersuchungsverfahren strengste Maßstäbe angelegt werden. Ziel ist die Vermeidung von Korrosionen und Inkrustationen auf der Wasserseite des Kessels, der Leitungssysteme und Turbinen. Man unterscheidet zwischen „Speisewasser" zur Auffüllung der Kessel und dem im Kessel befindlichen „Kesselwasser", wobei höchste Qualitätsanforderungen gestellt werden.

Unter den stark veränderten Temperatur- und Druckverhältnissen der verschiedenen Kesseltypen kann schon die Anwesenheit sehr geringer Mengen von Wasserinhaltsstoffen bei fortwährendem Betrieb große Schäden verursachen. Insbesondere Härtebildner, anorganische und organische Kolloide führen zu Inkrustierungen. Bereits bei niedrigen Temperaturen bilden sich aus Hydrogencarbonationen zu 80 % Hydroxidionen und Kohlendioxid.

$$HCO_3^- \rightleftharpoons OH^- + CO_2 \, .$$

Kohlendioxiddampf, vor allem in Gegenwart von Sauerstoff, der viele Korrosionsprozesse stimuliert, hat die Wirkung anorganischer Säuren. Der pH-Wert soll bei 8,0 liegen, um einer Eisenkorrosion entgegenzutreten. Bei salzfreien und gut entgasten Speisewässern kann der pH-Wert auch 7,0 betragen. Ölgehalte wirken auf verschiedene Art störend (Bildung wärmestauender Filme und kittartiger Krusten mit Trübstoffen und Härtebildnern, Bildung von Ölsäuren).

Richtlinien für die Aufbereitung von Kesselspeisewasser sind in der TGL 190/99, die seit dem 1. 4. 1976 in der DDR als verbindlich gilt, enthalten [168].

In Tab. 19 sind einige Richtwerte für die Speisewasserqualität angegeben.

Tabelle 19: Speisewasserrichtwerte für Zwangsdurchlaufdampferzeuger [168]

Tatsächlicher Betriebsdruck	$\geqq$ 80 kp/cm^2
pH-Wert bei 25 °C	9,0—9,5
Härte	$\leqq$ 2 μval/*l*
Sauerstoff	$\leqq$ 20 μg/*l*
Ges.-Kohlensäure	$\leqq$ 1 μg/*l*
Leitfähigkeit bei 25 °C	$\leqq$ 0,2 μS/cm
Kieselsäure (SiO_2)	$\leqq$ 20 μg/*l*
Eisen (Fe)	$\leqq$ 20 μg/*l*
Kupfer (Cu)	$\leqq$ 5 μg/*l*
Öl	$\leqq$ 0,3 mg/*l*
Permanganatverbrauch	$\leqq$ 10 mg/*l*
Ammoniak (NH_4^+)	$\leqq$ 2 mg/*l*

6.4. Güteanforderung an Oberflächenwasser

Vielfach ist die Beurteilung der Analysenergebnisse eines Oberflächenwassers in Hinsicht einer Trinkwassergewinnung vorzunehmen, da in den wenigsten Ländern die Trinkwasserversorgung allein aus Grund- und Quellwasser gesichert werden kann. Immer mehr muß Oberflächenwasser für diesen Zweck genutzt werden, entweder über eine künstliche Grundwasseranreicherung oder durch Oberflächenwasseraufspeicherung.

Tabelle 20 Richtwerte für die Einleitung von Abwasserinhaltsstoffen in öffentlichen Abwasseranlagen [169]

Abwasserinhaltsstoffe		Konzentration in mg/l
pH-Wert	6,0 ... 9,0	
Temperatur	35 °C	
Abfiltrierbare (ungelöste) Stoffe		500
Absetzbare Stoffe (nach 15 min) ...		2
BSB_5		500
CSV_{Cr}		1200
CSV_{Mn}		500
Gesamtsalz, außer Härtebildner und Sulfat		500
Sulfat, SO_4^{2-}		300
Gesamteisen, $Fe^{2+/3+}$		5
Chrom, Cr^{6+}		0,2
Chrom, Cr^{3+}		1
Zink, Zn^{2+}		5
Kupfer, Cu^{2+}		1
Cadmium, Cd^{2+}		0,5
Blei, Pb^{2+}		1
Quecksilber, $Hg^{1+/2+}$		0,1
Nickel, Ni^{2+}		5
Freies Cyanid, CN^-		0,1
Komplex gebundenes Cyanid		50
Sulfid, Schwefelwasserstoff (als S ber.)		5
Stickstoff (als N ber.)		75
Phosphor (als P ber.)		10
Mineralöle, tierische und pflanzliche Fette, extrahierbare Stoffe		100
Freies Chlor		5
Wasserdampfflüchtige Phenole (als C_6H_5OH ber.)		50
Detergentien		20
Radioaktive Stoffe	nach den Rechtsvorschriften	
Maximale Arbeitsplatzkonzentration (*MAK*-Werte)	nach den Rechtsvorschriften	

Noch werden eine große Anzahl von Bächen, Flüssen, Seen und Teiche durch kommunale Abwässer verunreinigt. (In der DDR sind 52,0 % der Gesamtbevölkerung an eine Kanalisation mit Kläranlagen angeschlossen [170].) Besonders unangenehm machen sich außerdem die häufig nur mangelhaft oder völlig ungereinigten Abwassermengen gewerblicher und alter industrieller Betriebe bemerkbar. Damit werden Oberflächengewässer als Quelle für eine Trinkwassernutzung stark gefährdet.

Tabelle 21: Charakterisierung der Wassergüteklassen nach Kennzeichen der Wasserbeschaffenheit [171]

Gruppe		Kennzeichen	Einheit		Klasse		
					I	II	III
a	1	Sauerstoffgehalt	O_2	mg l^{-1}	> 6	> 5	> 3
a	2	Sauerstoffsättigung	O_2	%	> 76	> 50	> 30
a	3	BSB_5	O_2	mg l^{-1}	< 5	< 10	< 15
a	4	$KMnO_4$-Verbrauch	O_2	mg l^{-1}	< 10	< 15	< 25
a	5	freier Schwefelwasserstoff	H_2S	mg l^{-1}	nicht nachweisbar		0,1
a	6	biologischer Zustand, Saprobität	—		oligo-β-meso	β-bis α-meso	α-meso-saprob
b	1	Chloridionen	Cl^-	mg l^{-1}	<200	<300	< 400
b	2	Sulfationen	SO_4^{2-}	mg l^{-1}	<150	<250	< 300
b	3	Gesamthärte		°dH	< 20	< 30	< 40
b	4	Calciumionen	Ca^{2+}	mg l^{-1}	<150	<200	< 300
b	5	Magnesiumionen	Mg^{2+}	mg l^{-1}	< 50	<100	< 200
b	6	Trockenr. d. gel. St.		mg l^{-1}	<500	<800	<1200
b	7	Abfiltrierbares bei Trockenwetterabfluß		mg l^{-1}	< 20	< 30	< 10
c	1	Ammoniumionen	NH_4^+	mg l^{-1}	< 1	< 3	< 10
c	2	Nitrationen	NO_3^-	mg l^{-1}	< 13	< 30	—
c	3	pH-Wert			6,5 ... 8,5	6 ... 8,5	5,5 ... 9
c	4	Gesamteisen	Fe	mg l^{-1}	<0,5	<1,0	<1,5
c	5	Mangan	Mn^{2+}	mg l^{-1}	<0,1	<0,3	<0,8
c	6	wasserdampfflüchtige Phenole		mg l^{-1}	<0,002⁺ + sofern Trinkwasser gechlort wird	<0,02	—
c	7	Detergentien	*WAS*	mg l^{-1}	<1 nur für anionische D.	<2	<3
c	8	Cyanidionen	CN^-	mg l^{-1}	<0,01	<0,02	<0,1
c	9	Temperatur		°C	Sonderfestl. f. d. Einzelfall		
c	10	Geruch und Geschmack			nicht auffällig	nicht fremdart.	höchstens schwach fremdart.
c	11	Farbe			—	—	—
c	12	Kolititer			>0,1	>0,01	—
c	13	pathogene Keime			nicht nachweisbar		

Aus diesem Grund sind in den verschiedenen Ländern gesetzlich geregelte Abwassereinleitungsbedingungen festgelegt worden, die bei Nichteinhaltung vorgegebener Richtwerte (s. Tab. 20) entsprechende Strafen vorsieht.

Ein Beispiel für die Charakterisierung von Oberflächengewässern ist aus Tab. 21 ersichtlich (siehe auch TGL 22764 [174]).

Wasser der Klasse I eignet sich für jeden Verwendungszweck. In Klasse II werden Wässer mit mäßiger Verschmutzung eingeordnet, die noch gut für Sport- und Erholungszwecke geeignet sind. Wasser der Klasse III ist stark verschmutzt und ohne Aufbereitung kaum zu verwenden.

Die in Tab. 21 angegebenen Gruppen *a*, *b*, *c* bedeuten:

a) Kriterien, die das Sauerstoffregime charakterisieren,
b) Kriterien zur Kennzeichnung der Mineralisation,
c) besondere Kennzeichen

Grenzwerte für Pesticide (siehe auch Tab. 7) sind in den Standards des Gesundheitsministeriums der UdSSR für maximal zulässige Schadstoffkonzentrationen in Fluß- und Brauchwässern aufgeführt, desgleichen in Standards der USA [172] und Kanadas [173].

7. Literatur

7.1. Handbücher, Lehrbücher

ALEKIN, O. A.: „*Grundlagen der Wasserchemie*“, VEB Verlag für Grundstoffindustrie, Leipzig 1962

DANZER, K., E. THAN, D. MOLCH: „*Analytik – Systematischer Überblick*“, Akademische Verlagsgesellschaft Geest u. Portig K.-G., Leipzig 1976

DAUBNER, I.: „*Mikrobiologie des Wassers*“ (Deutsche Ausgabe von H GRAHNEIS u. H. D. MÜNCH), Akademie-Verlag, Berlin 1972

DYCK, S. (Hrsg.): „*Angewandte Hydrologie*“, Teil I, Teil II, VEB Verlag für Bauwesen, Berlin 1976, 1978

GRAHNEIS, H., K. HORN (Hrsg.): „*Taschenbuch der Hygiene*“, 2. Auflage, VEB Verlag Volk und Gesundheit, Berlin 1972

„*Handbuch der Lebensmittelindustrie*“, Bd. VIII, Teil I, Springer-Verlag, Berlin—Heidelberg—New York 1969

KITTNER, H., W. STARKE, D. WISSEL: „*Wasserversorgung*“, 4. Auflage, VEB Verlag für Bauwesen, Berlin 1977

MANGOLD, K.-H., J. KAEDING, K. LORENZ, H. SCHUSTER: „*Abwasserreinigung in der chemischen und artverwandten Industrie*“, 4. Auflage, VEB Deutscher Verlag für Grundstoffindustrie, Leipzig 1979

MÜLLER, R. K.: „*Die toxikologisch-chemische Analyse*“, Verlag Theodor Steinkopff, Dresden 1976

MOENKE, H. C.-J. NÖTZOLD: „*Analytik für den Umweltschutz*“, Akademische Verlagsgesellschaft Geest u. Portig K.-G., Leipzig 1977

SONTHEIMER, H., P. SPINDLER, U. ROHMANN: „*Wasserchemie für Ingenieure*“, DVGW-Forschungsstelle am Engler-Bunte-Institut der Universität Karlsruhe (TH), 1980

TJUTJUNOWA, F. I.: „*Physiko-chemische Prozesse in Grundwässern*“, VEB Deutscher Verlag für Grundstoffindustrie, Leipzig 1980

UHLMANN, D.: „*Hydrobiologie*“, 2. Auflage, VEB Gustav Fischer Verlag, Jena 1982

7.2. Weiterführende und im Text zitierte Literatur

[1] DYCK, S.: „*Die Wasserhaushaltsbilanz unserer Erde*“, Wissenschaft und Fortschritt 5 (1968), 20

[2] LOHS, K. H., S. DÖRING: „*Im Mittelpunkt der Mensch*“, S. 270, Akademie-Verlag, Berlin 1975

[3] QUARG, M.: „*ABC Umweltschutz*“, S. 236, VEB Deutscher Verlag für Grundstoffindustrie, Leipzig 1976

[4] STUMM, W., E. (STUMM)-ZOLLINGER: „Chemische Prozesse in natürlichen Gewässern“, Z. Chimia (1968), 325

[5] STUMM, W., J. J. MORGAN: „*Aquatic Chemistry*“, Verlag Wiley, New York 1970

[6] GROHMANN, A.: „Die pH-Pufferung und Möglichkeiten der kontinuierlichen Messung von freier Kohlensäure, der Gesamt-Kohlensäure und des *m*-Wertes“, Vom Wasser **40** (1973), 19

[7] AXT, G.: „*Grundlagen der Wasserentsäuerung und ihre analytische Erfassung und Kontrolle*“, Veröffentlichungen des Lehrstuhls für Wasserchemie TH Karlsruhe (1966) 1, Teil 1, S. 1—26

[8] TILLMANS, J., O. HEUBLEIN: „Über die kohlensauren Kalk angreifende Kohlensäure der natürlichen Wässer“, Z. Gesundheitsing. **35** (1912), 669

[9] HÄSSELBARTH, U.: „Das Kalk-Kohlensäure-Gleichgewicht in natürlichen Wässern unter Berücksichtigung des Eigen- u. Fremdelektrolyteinflusses“. Gas- u. Wasserfach **103** (1963), 89, 151

[10] LARSON, BUSWELL: „Calcium Carbonate Saturation Index and Alkalinity Interpretation“, JAWWA **34** (1942) *6*, 187

[11] AXT, G.: „Das Kalk-Kohlensäure-Gleichgewicht in Theorie und Praxis“, Vom Wasser **28** (1961), 208

[12] HÖMIG, H. E.: *Physikochemische Grundlagen der Speisewasserindustrie*“, Vulkan-Verlag, Essen 1962

[13] HÖLL, K.: „*Wasser*“, Walter de Gruyter u. Co., Berlin 1968

[14] UEHLEKE, H.: „Trihalomethane im Trinkwasser: eine gesundheitliche Betrachtung“, Vom Wasser **54** (1980), 171

[15] SONTHEIMER, H.: „Neue Technologien und Trinkwasserqualität“, Gas- und Wasserfach **117** (1976) *12*, 551

[16] BREWER, P. G.: „*Minor elements in sea water*“, in: „*Chemical Oceanography*“ (J. P. RILEY, G. SKIRROW (eds.)), 2. Aufl., Bd. 1, S. 415—496, Academic Press London, N.Y., S.F., 1975

[17] WILDFÜHR, G.: „*Hygienisches Taschenbuch*“, S. 396, Springer-Verlag, Berlin 1950

[18] LANG, K.: „*Wasser, Mineralstoffe, Spurenelemente*“ (UTB), Dr. Dietrich Steinkopff Verlag, Darmstadt 1974

[19] National Academy of Sciences. Recommended Dietary Allovances. 7th Revised Edition, Washington D.C. 1968

[20] FÖRSTNER, U., G. MÜLLER: „*Schwermetalle in Flüssen und Seen*“, Springer-Verlag, Berlin—Heidelberg—New York 1974

[20a] „Deutsche Forschungsgemeinschaft, Kommission für Wasserforschung“ (Hrsg.: U. FÖRSTNER, U. DE HAAR, F. JÜTTNER, H. MÜLLER, M. SONNEBORN, H. A. WINKLER), „*Schadstoffe im Wasser — Metalle — Phenole — Algenbürtige Schadstoffe*“, Mitt. IV. Harald Boldt Verlag, Boppard 1982

[21] HABERER, K., S. NORMANN: „Metallspuren im Wasser“, Vom Wasser **38** (1971), 157

[22] ENGST, R.: „Aktuelle Erkenntnisse zum Trend der umweltbedingten Fremdstoffbelastung“, Mitteilungsblatt der Chemischen Gesellschaft der DDR **23** (1976) *7*, 150

[23] THIELEMANN, H.: „Methämoglobinämie durch nitrathaltiges Trinkwasser — Literaturübersicht“, Acta hydrochim. hydrobiol. **6** (1978) *4*, 291

[24] PETRI, H.: „*Nitrate und die Trinkwasser-Verordnung*“, in K. AURAND, U. HÄSSELBARTH, G. MÜLLER, W. SCHUMACHER, W. STEUER: „*Die Trinkwasserverordnung*“, E. Schmidt Verlag, Berlin 1976

[25] GLEISBERG, D., J. KANDLER, H. ULRICH, P. HARTZ: „Eutrophierung und Abwasserreinigung“, Angew. Chemie **88** (1976) *11*, 354

[26] BARTZSCH, W.: „Die künstliche Regelung des Fluorgehaltes im Trinkwasser von Karl-Marx-Stadt als Prophylaxe der Zahnkaries“, Wasserwirtsch. Wassertechn. **10** (1960) *5*, 208

[27] Cox, Ch. R.: „Techniques et Controle du Traitment des Eaux“, Organisation Mondaile de la Sante, Genf 1967

[28] Rummel, W.: „Über die Bedeutung der wichtigsten chemischen Inhaltsstoffe des Trinkwassers“, Wasserwirtsch. Wassertechn. **13** (1963) *3*, 128

[29] Heide, F., P. Schubert: „Der Selen-Gehalt des Saalewassers“, Naturwissenschaft **47** (1960), 176

[30] Quentin, K. E., L. Feiler: „Selen in Grund- und Oberflächenwässern“, Vom Wasser **34** (1967), 19

[31] Klein, G.: „Algenbürtige Stoffe in Oberflächengewässern — ihre Bedeutung für die wasserwirtschaftliche Nutzung und für die aquatische Biozönose“, Vom Wasser **50** (1978), 61

[32] Lochtman, I., J. K. Reichert, H. Bernhardt: „Nachweis von algenbürtigen Substanzen (Polysacchariden) in eutrophen Talsperren“, Vom Wasser **50** (1978), 7

[33] Löffler, E.: *„Ein Beitrag zur quantitativen Bestimmung und zum Verhalten der Fulvosäuren bei der Grundwasseranreicherung“*, Diplomarbeit, TU Dresden, 1971

[34] Tryland, Ø.: „Humic water dissolves metallic iron“, Vatten **3** (1976), 271

[35] Steinberg, Ch., H. H. Stabel: „Untersuchungen über gelöste organische Substanzen und ihre Beziehungen zu Spurenmetallen“, Vom Wasser **51** (1978), 11

[36] Vasseur, E.: „Progress in Sulfite Pulp Pollution Abatement in Sweden“, Journ. Water Poll. Contr. Fed. **38** (1966), 27

[37] Bolzer, W.: „Belastung von Oberflächengewässern mit schwer abbaubaren organischen Verbindungen unter Berücksichtigung österreichischer Verhältnisse“, Wiener Mitteilung, Wasser, Abwasser, Gewässer **40** (1981), D1—D38

[38] Murangle, J. J., R. L. Bunch: „Sterols as a Measure of Fecal Pollution“, Journ. Water Poll. Contr. Fed. **39** (1967), 404

[39] Reichert, J. K.: „Untersuchungen zur chemischen Bestimmung fäkaler Trinkwasserverunreinigungen“, Gas- und Wasserfach **112** (1971), 403

[40] Kussmaul, H., A. Mühle: „Bestimmung von Koprosterin und Koprostanon in Grund- und Oberflächenwasser“, Haus der Technik, Essen, Vortragsveröffentl. **283** (1972), 52

[41] Blazej, A., A. Kamil: „Tenzidy a vodne hospodarstvo (Detergentien u. Wasserwirtschaft)“, Vodni hospodarstvi, *B*, **26** (1976) *7*, 187

[42] Gawalek, G.: *„Tenside“*, Akademie-Verlag, Berlin 1975

[43] Lohs, K. H.: *„Synthetische Gifte“*, Deutscher Militärverlag, Berlin 1967

[44] Quarg, M.: *„ABC Umweltschutz“*, S. 149, VEB Deutscher Verlag für Grundstoffindustrie, Leipzig 1976

[45] Hey, A.: „Die Chemisierung der Landwirtschaft unter besonderer Berücksichtigung der Pflanzenschutzmittel“, Ztschr. f. d. ges. Hygiene und ihre Grenzgeb. **15** (1969) *5*, 316

[46] Fleischer, L.: „Tendenzen der Produktion und Anwendung von Pflanzenschutz- und Schädlingsbekämpfungsmitteln (PSM) in der DDR und Möglichkeiten ihres umweltschonenden Einsatzes“, speziell agrochemie psm A2 (1980) *4*, 9

[47] Horn, K.: *„Grundlagen der Kommunalhygiene“*, 2. Aufl., S. 136, VEB Verlag Volk und Gesundheit, Berlin 1976

[48] Rook, J. J.: „Formation of haloforms during chlorination of natural waters“, Water Treatm. Examin. **23** (1974), 243

[49] Bolzer, W.: „Trihalomethane und andere Halogenkohlenwasserstoffe in Trinkwasser — Vorkommen, Entstehung und Minimierungsmöglichkeiten“, Oesterreichische Wasserwirtschaft **33** (1981) *1/2*, 1

[50] DVGW-Arbeitsblatt W151 „Eignung von Oberflächenwasser als Rohstoff für die Trinkwasserversorgung“, Juli 1975, Deutscher Verein des Gas- und Wasserfaches e.V., 6236 Eschborn

[51] AFGHAN, B. K., D. MACKAY (Hrsg.): „*Hydrocarbons and Halogenated Hydrocarbons in the Aquatic Environment*", Bd. 16 in der Reihe „*Environmental Science Research*", Plenum Press, New York—London 1980

[52] KOCH, R., K. STROBEL: „Organohalogene als Karzinogene im Trinkwasser", Acta hydrochim. hydrobiol. **8** (1980) *5*, 407

[53] KOCH, R., K. STROBEL: „Ökochemische und toxikologische Daten für ausgewählte Halogenalkane und ihre Bewertung", Acta hydrochim. hydrobiol. **9** (1981) *3*, 227

[54] KOCH, R., K. STROBEL: „Zum Nachweis polychlorierter Biphenyle im Wasser", Acta hydrochim. hydrobiol. **6** (1978) *4*, 307

[55] WEIL, D.: „Bestimmung von Phenolen im Wasser", Hydrochem. hydrogeol. Mitt. **1** (1974), 111

[56] BORNEFF, J., H. KUNTE: „Kanzerogene Substanzen in Wasser und Boden (XXVI)", Arch. Hyg. u. Bakt. **153** (1969), 229

[57] NEFF, J. M.: „*Polycyclic Aromatic Hydrocarbons in the Aquatic Environment*", Appl. Science Publishers LTD, London 1979

[58] COENEN, R. et. al.: „Chemisch-toxikologische Probleme des Umweltschutzes", Naturwissenschaften **59** (1972) *3*, 106

[59] „*Standard Methods of Water Analysis*" (USA), 1. Aufl. 1905, jetziger Titel: „*Standard Methods for the Examination of Water and Wastewater*", American Public Health Association

[60] „*Deutsche Einheitsverfahren zur Wasser-, Abwasser- und Schlamm-Untersuchung*", 11. Lieferung, 1982 Verlag Chemie GmbH. Weinheim/Bergstr.

[61] „*Ausgewählte Methoden der Wasseruntersuchung*", Bd. I, 1.—3. Lieferung, 1976, VEB Gustav Fischer Verlag, Jena

[62] SCHLICHTING, P., D. WOLTER: „*Beitrag zur Konservierung von Wasserproben bei der Untersuchung auf Ammonium, Nitrit und Nitrat*", Dissertation, TU Dresden, 1972

[63] SPRENGER, F. J.: „Probenkonservierung", Hydrochem. hydrogeol. Mitt. **1** (1974), 11

[64] FUNK, W.: „Konservierung von Proben zur späteren Analytik im Laboratorium", Vom Wasser **48** (1977), 75

[65] WINKLER, L. W.: „Die Bestimmung des gelösten Sauerstoffs im Wasser", Ber. Deutsch. Chem. Ges. **121** (1888), 2843

[66] BORTLITZ, J.: „Probenvorbereitung für die anorganische Spurenanalyse bei Abwasseruntersuchungen", Vom Wasser **40** (1973), 1

[67] BRÜGMANN, L.: „Vorkommen und Analytik von Spurenmetallformen in Gewässern", Acta Hydrochim. Hydrobiol. **5** (1977) *5*, 421

[68] TSCHÖPEL, P., G. TÖLG: „Aufschlußverfahren in der Wasser- und Abwasseranalytik bei der Bestimmung niedriger Elementgehalte im ppb- und unterem ppm-Bereich", Vom Wasser **50** (1978), 247

[69] MALZ, F., J. GORLAS, L. BRELL, H. INGENSIEP, G. DRZISGA, B. STEPHAN: „Die kontinuierliche Messung von KW-H_2S-Emissionen aus Einleitungen und Vorflutern", Vom Wasser **51** (1978), 331

[70] MALZ, F., J. GORLAS: „Der Geruchsschwellenwert, eine brauchbare Komponente in der Wasseranalytik", Vom Wasser **34** (1967), 209

[71] SOUCEK, J., P. POPOVSKA, J. SINDELAR: „Theorie und Praxis der Geruchsbestimmung im Wasser", Fortschr. der Wasserchemie (1969) *11*, 43

[72] ZOETEMAN, B. C. J.: „*Sensory Assessment of Water Quality*", Pergamon Press LTD, Oxford 1980

[73] WAGNER, R., W. RUCK: „Bestimmung der Farbigkeit von Wässern", Z. Wasser Abwasser Forsch. **14** (1981) *4*, 152

[74] SIGRIST, W.: „Verwertung neuester Erkenntnisse in der Trübungsmessung", Vom Wasser **44** (1975), 187

[75] WAGNER, R.: „Bedeutung und derzeitiger Stand der Bestimmung des Chemischen Sauerstoffbedarfs", Hydrochem. hydrogeol. Mitt. **1** (1974), 71

[76] SCHWABE, K.: „*pH-Meßtechnik*", Verlag Theodor Steinkopff, Dresden/Leipzig 1976

[77] HUBER, L.: „Vorfluter. Überwachungssysteme", Münch. Beiträge zur Abwasser-, Fischerei- und Flußbiologie **26** (1975), 37

[78] CAMMANN, K.: „*Das Arbeiten mit ionensensitiven Elektroden*", Springer-Verlag, Berlin—Heidelberg—New York 1973

[79] SLEVOGT, K., E. SEELOS, W. SCHRAIDT: „Ionenselektive Elektroden und deren Erprobung zur kontinuierlichen Konzentrationsbestimmung in Trink- und Abwasser", Vom Wasser **42** (1974), 1

[80] PUNGOR, E., K. TOTH: „Die Anwendung von ionenselektiven Elektroden in der Wasseranalyse", Vom Wasser **42** (1974), 43

[81] EICKEN, D.: „Anwendung ionensensitiver Elektroden in der Wasseranalytik", Vom Wasser **49** (1977), 139

[82] MIDGLEY, D., K. TORRANCE: „*Potentiometric Water Analysis*", J. Wiley u. Sons, Chichester—New York—Brisbane—Toronto 1978

[83] OEHME, F.: „Ionenselektive Elektroden in der Wasseranalytik", Vom Wasser **54** (1980), 179

[84] TIETZ, U., U. GRÜNKE, I. KRAUSE: „Nitratbestimmung im Trinkwasser nach dem flowstream-Prinzip mittels einer ionensensitiven Meßzelle", Acta hydrochim. hydrobiol. **8** (1980) *4*, 291

[85] GUNKEL, K.: „Beitrag zum Einsatz von nitratsensitiven Elektroden in der Wasseranalytik", Acta hydrochim. hydrobiol. **9** (1981), 373

[86] KORN, K., W. WALTHER: „Informationsgehalt und Nutzung der elektrolytischen Leitfähigkeit zur Berechnung von Stoffkonzentrationen in Fließgewässern", Vom Wasser **55** (1980), 77

[87] SCHNABEL, D.: „Physikalische Meßmethoden zur Bestimmung der Wasserqualität", Gas- und Wasserfach **117** (1976) *9*, 392

[88] HITCHMAN, M. L.: „*Measurement of Dissolved Oxygen*", J. Wiley u. Sons, Inc. and Orbisphere Corp. Geneva, Switzerland—York—Maine 1978

[89] HEYROVSKY, J., P. ZUMAN: „*Einführung in die praktische Polarographie*", VEB Verlag Technik, Berlin 1959

[90] KRJUKOWA, T. A., S. J. SINJAKOWA, T. W. AREFJEWA: „*Polarografische Analyse*", VEB Deutscher Verlag für Grundstoffindustrie, Leipzig 1964

[91] SCHMIDT, H., M. v. STACKELBERG: „*Neuartige polarographische Methoden*", Verlag Chemie, Weinheim/Bergstr. 1962

[92] NEEB, R.: „*Inverse Polarographie und Voltametrie*", Akademie-Verlag, Berlin 1969

[93] MAINTHAL, E. J., J. K. TAYLOR: „Polarographic Methods in Determination of Trace Inorganic in Water", in GOULD R. F.: Trace Inorganics in Water Advances in Chemistry Series, American Chemical Society Washington **73** (1968), Chapt. 10

[94] MART, L.: „*Ermittlung und Vergleich des Pegels toxischer Spurenmetalle in Küstengewässern*", Dissertation RWTH, Aachen 1979

[95] NÜRNBERG, H. W.: „Moderne voltametrische Verfahren in der Spurenchemie toxischer Metalle in Trink-, Regen- und Meerwasser", Chem.-Ing. Tech. **51** (1979) *7*, 717

[96] LUBERT, K.-H.: „Die Bestimmung von Spuren toxikologisch bedeutsamer Metalle mit neueren polarografischen und voltammetrischen Methoden", Z. f. Chemie **21** (1981) *6*, 201

[97] MASSMANN, H.: Spectrochim. Acta **23** (1968), 215

[98] Reichert, J. K.: „Spurenelementanalytik in Gewässern mit Hilfe der Atomemission, Atomabsorption u. Atomfluoreszenz", Vom Wasser **40** (1973), 135

[99] Welz, B.: „Einsatz der Atomabsorptionsspektroskopie in der Wasseranalytik", Vom Wasser **41** (1974), 119

[100] Welz, B.: „*Atomabsorptionsspektroskopie*", Verlag Chemie, Weinheim/Bergstr 1975

[101] Kirchoff, G., R. Bunsen: Pogg. Ann. **110** (1860), 161

[102] Krivan, V.: „Entwicklungsstand und Bedeutung der Aktivierungsanalyse", Angew Chem. **91** (1979) *2*, 132

[103] Wagner, R., W. Ruck: „Beseitigung der Cl'-Störung bei der Bestimmung des CSB", Z. Wasser Abwasser Forsch. **14** (1981) *4*, 145

[104] Leithe, W.: „*Die Analyse der organischen Verunreinigungen in Trink-, Brauch- und Abwässern*", Wissenschaftliche Verlagsgesellschaft MBH, Stuttgart 1972

[105] Maier, D.: „Eine verbesserte Methode zur Bestimmung des chemischen Sauerstoffbedarfs mit Kaliumdichromat", Gas- und Wasserfach **114** (1973), 366

[106] Lüssem, H.: „Apparative Weiterentwicklung der CSB-Bestimmung", Vom Wasser **44** (1975), 49

[107] Freimuth, U. et al.: „Beiträge zur Bestimmung des organisch gebundenen Kohlenstoffs in Wässern und Sedimenten", Fortschr. der Wasserchemie **11** (1969), 189

[108] Lienig, D., B. Wiemer: „Zur Bestimmung des im Wasser gelösten organisch gebundenen Kohlenstoffs (TOC)", Wasserwirtsch. Wassertechn. **26** (1976) *9*, 304

[109] Bleier, H.: „Die Bedeutung der Bestimmung des gesamten organischen Kohlenstoffs (TOC) und des chemischen Sauerstoffbedarfs (COD) für die Wasseranalytik", Vom Wasser **40** (1973), 165

[110] Heil, G.: „Methoden zur Messung und Charakterisierung organischer Substanzen", Veröffentlichungen der Abt. Wasserchemie, Techn. Hochschule Karlsruhe **4** (1969), 87

[111] Lienig, D., A. Schmidt: „Über die Anwendung verschiedener Summenbestimmungsverfahren — CSV-Cr, DOC, UV — zur Beurteilung organischer Inhaltsstoffe in einem Fließgewässer", Acta hydrochim, hydrobiol. **6** (1978) *5*, 383

[112] Mrkva, M.: „Anwendung der UV-Spektrophotometrie zur Bestimmung der organischen Verunreinigungen in Abwässern", Wasserwirtsch. Wassertechn. **21** (1971) *8*, 280; **21** (1971) *9*, 320

[113] Wagner, I.: „Die Bestimmung von Huminsäuren u. Ligninsulfonsäuren in Wässern mittels UV-Spektroskopie", Vom Wasser **45** (1975), 207

[114] Reid, J. M.: „Observations on the estimation of TOC from UV absorbance for an unpollented stream", Water Research **14** (1980) *5*, 525

[115] Sontheimer, H., W. Weindel: „Erfassung organischer Wasserinhaltsstoffe unter besonderer Berücksichtigung der UV-Messung", Hydrochem. hydrogeol. Mitt. **1** (1974), 55

[116] Götz, R.: „UV-Extinktionsmessung in verschiedenen Wässern zur summarischen Erfassung der gelösten organischen Inhaltsstoffe", Chem. Ing. Tech. **49** (1977) *10*, 823

[117] Kühn, W., H. Sontheimer: „Einige Untersuchungen zur Bestimmung organischer Chlorverbindungen auf Aktivkohlen", Vom Wasser **43** (1973), 65

[118] Neupert, L., R. Koch: „Betrachtungen zum Gruppenparameter: Gesamtes organisch gebundenes Chlor", Acta hydrochim. hydrobiol. **9** (1981) *4*, 359

[119] Sprenger, F. J.: „*Organisch gebundenes Chlor — Herkunft, Bedeutung und Analytik in Wässern und Abwässern*", Gewässerschutz-Wasser-Abwasser, Bd. 52, S. 138—226, Aachen 1981

[120] Keith, L. H.: „Identification and Analysis of Organic Pollutants in Water", Ann. Arbor Science, 1977

[121] KOCH, R.: „Zu Problemen des Nachweises organischer Spurenstoffe in Wasser“, Acta hydrochim. hydrobiol. **8** (1980) *1*, 3

[122] LIENIG, D., B. RITTIG: „Über die Anwendung von Screening-Methoden zur Erfassung organischer Stoffe in Wasser“, Acta hydrochim. hydrobiol. **10** (1982) *1*, 3

[123] STAHL, E.: „*Dünnschichtchromatographie*“, Springer-Verlag, Berlin—Heidelberg—New York 1967

[124] STÖBER, I.: „Zur Bestimmung von polycyclischen aromatischen Kohlenwasserstoffen in Oberflächengewässern“, Vom Wasser **47** (1976), 219

[125] WIEMER, B.: „Vorschlag für eine Routinemethode zur Bestimmung polycyclischer aromatischer Kohlenwasserstoffe“, Acta hydrochim. hydrobiol. **9** (1981) *3*, 337

[126] FUNK, W.: „Neue Techniken in der Dünnschichtchromatografie“, Vom Wasser **54** (1980), 207

[127] GERKE, H. E.: „DC-Fertigschichten mit Konzentrierungszone“, GIT-Fachz. Lab. **21** (1977), 685

[128] HETZEL, U., J. BLOME, H. HALPAAP, D. JAENCHEN, R. E. KAISER, J. RIPPHAHN: „*Einführung in die Hochleistungs-Dünnschicht-Chromatografie*“, IfC-Verlag, Bad Dürkheim 1976

[129] JAENCHEN, D.: „Situation der Dünnschichtchromatographie“, GIT-Fachz. Lab. **22** (1978), 603

[130] STIEGLITZ, L., W. LEGER: „Die Anwendung der Pyrolyse-Gaschromatografie zur Analytik von schwerflüchtigen organischen Wasserinhaltsstoffen“, Vom Wasser **45** (1975), 233

[131] METZNER, K.: „*Gaschromatografische Spurenanalyse*“, Akademische Verlagsgesellschaft Geest u. Porting K.-G., Leipzig 1977

[132] FRENZEL, P.-J.: „Zur Frage der Anwendbarkeit der Kombination Gas-Chromatograph—Massenspektrometer in Wasser- und Abwasseranalytik“, Vom Wasser **42** (1974), 71

[133] HELLMANN, H.: „Integrale Analyse von Kohlenwasserstoffgemischen“, Vom Wasser **49** (1977), 117

[134] STÖBER, I., R. REUBERT: „Verfahren zur Routinebestimmung von polycyclischen aromatischen Kohlenwasserstoffen in Gewässern mittels Hochleistungsflüssigkeitschromatografie“, Vom Wasser **56** (1981), 115

[135] STOTTMEISTER, E., W. ENGEWALD: „Einige Aspekte der Isolierung und Anreicherung flüchtiger organischer Mikroverunreinigungen aus Wasser.“, Acta hydrochim. hydrobiol. **9** (1981) *5*, 479

[136] EPPERT, G.: „*Einführung in die Schnelle Flüssigkeitschromatografie* (Hochdruckflüssigkeitschromatografie)“ (Wissenschaftliche Taschenbücher, Reihe Chemie, Bd. 206), Akademie-Verlag, Berlin 1979

[137] HELLMANN, H.: „Zur quantitativen Bestimmung organischer Stoffgruppen im wäßrigen Milieu durch IR-Spektroskopie“, Vom Wasser **46** (1976), 101

[138] HELLMANN, H.: „Einfache instrumentelle IR-Messung von Kohlenwasserstoffen in Fluß- und Abwässern“, Vom Wasser **50** (1978), 231

[139] BORSDORF, R., M. SCHOLZ: „*Spektroskopische Methoden in der organischen Chemie*“ (Wissenschaftliche Taschenbücher, Reihe Chemie, Bd. 21), 4. Aufl., Akademie-Verlag, Berlin 1982

[140] VOGLER, P.: „Analysenautomation mit Flow-stream-Automaten“, I. Mitt., Acta hydrochim. hydrobiol. **3** (1975) *2*, 133

[141] MALZ, F., M. SCHNIEWIND, R. KRONE, H. BORTLITZ: „Geräte und Methoden der Gewässerüberwachung“, Gewässerschutz, Wasser, Abwasser **3** (1970), 193

[142] SCHWABE, K.: „Physikalisch-chemische Probleme der Hydrochemie“, Acta hydrochim. hydrobiol. **1** (1973) *1*, 27

[143] OTTMANN, E.: „Automation und Computertechnik bei der Gewässerüberwachung", GWF **119** (1978) *3*, 118

[144] BÖHNKE, B. (Hrsg.): *„Instrumentation von Meßpunkten an Gewässern, Wasserentnahmen, Abwassereinleitungen, Kläranlagen"*, Gewässerschutz, Wasser, Abwasser, Bd. 46, Aachen 1981

[145] KAISER, H., H. SPECKER: „Bewertung und Vergleich von Analysenverfahren", Z. analyt. Chem. **149** (1956), 44

[146] STREULI, H.: „Fehlerhafte Interpretation und Anwendung von Ausreißer-Tests, insbesondere bei Ringversuchen. Zur Überprüfung analytisch-chemischer Untersuchungsmethoden", Fres. Z. Anal. Chem. **303** (1980), 406

[147] NOACK, S., G. SCHULZE: „Statistische Auswertung analytischer Meßdaten", Fres. Z. Anal. Chem. **304** (1980), 250

[148] TÖLG, G.: „Zur Frage systematischer Fehler in der Spurenanalyse der Elemente", Vom Wasser **40** (1973), 181

[149] KAISER, H.: „Zum Problem der Nachweisgrenze", Z. analyt. Chem. **209** (1965), 1

[150] LUCKOW, V.: „Eine praxisorientierte Bestimmung der Nachweisgrenze", Fres. Z. Anal. Chem. **303** (1980), 23

[151] KAISER, R. E.: „Analytik im Umweltschutz", Z. analyt. Chem. **272** (1974) *3*, 186

[152] ECKSCHLAGER, K.: *„Fehler bei chemischen Analysen"*, Akademische Verlagsgesellschaft Geest u. Portig K.-G., Leipzig 1964

[153] DOERFFEL, K.: *„Statistik in der analytischen Chemie"*, 2. Aufl., VEB Deutscher Verlag für Grundstoffindustrie, Leipzig, 1982

[154] KAISER, R., G. GOTTSCHALK: *„Elementare Tests zur Beurteilung von Meßdaten"*, Bd. I, Wissenschaftsverlag, Mannheim—Wien—Zürich 1972

[155] ECKSCHLAGER, K.: „Informationsgehalt analytischer Ergebnisse", Z. analyt. Chem. **277** (1975) *1*, 1

[156] GOTTSCHALK, G.: „Standardisierung quantitativer Analysenverfahren", Z. analyt. Chem. **275** (1975), 1; **276** (1975), 81; **276** (1975), 257

[157] WAGNER, R.: „Grundlagen der statistischen Behandlung einfacher linearer Korrelationen", Vom Wasser **54** (1980), 273

[158] ALIMARIN, I. P.: „Entwicklungstendenzen in der Analytischen Chemie", Mitteilungsblatt der Chemischen Gesellschaft der DDR **24** (1977) *11/12*, 249

[159] MALZ, F.: „Aufgaben und Zielsetzung der Wasseranalytik im Rahmen des Umweltschutzes", Vertragsveröffentlichungen, Haus der Technik, Essen **283** (1972), 4

[160] KLEINE, E., G. HEIL: „Kolorimetrische Schnelltestverfahren in der Wasseranalytik", GWF **120** (1979) *9*, 434

[161] KLIE, K., W. KREINBERG: „Der Mikroprozessor — Prinzip, Aufbau und Anwendung in der Labordatenverarbeitung", Glas- und Instrumententechnik **21** (1977) *11*, 970

[162] WERTH, W.: „Derzeit übliche Beurteilung der Güte von Oberflächengewässern aus biologisch, chemischer und physikalischer Sicht", Wiener Mitt. **40** (1981), C1—C24

[163] *„SI — Das internationale Einheitensystem"*, Akademie-Verlag, Berlin 1977

[164] PITTER, P.: „Die ISO-Einheiten und Nomenklatur in der Hydrochemie", Acta hydrochim. hydrobiol. **7** (1979) *6*, 553

[165] HOCHMÜLLER, K., H. SIMONETH: „Zur Situation bei der Angabe von Ergebnissen im Bereich der Wasserchemie und -technologie", Z. Wasser-Abwasser-Forschung **13** (1980) *5*, 153

[166] *„World Health Organization (1963)"*, International standards for drinking-water, 2nd ed. Geneva

[167] CARLSON, S.: „Die Begrenzung von Wasserinhaltsstoffen in Empfehlungen, Standards und Normen der Weltgesundheitsorganisation und verschiedener Länder“, Schriftenreihe Ver. Wasser — Böden — Lufthygiene, Berlin—Dahlem, **40** (1973), 209

[168] Standard der DDR, TGL 190—99

[169] Anordnung über die allgemeinen Bedingungen für den Anschluß von Grundstücken an und für die Einleitung von Abwasser in die öffentlichen Abwasseranlagen — Abwasser — Einleitungsbedingungen — vom 20. 7. 1978, GBl. I Nr. 29, S. 324

[170] „*Statistisches Jahrbuch der DDR, 1981*“, Staatsverlag der DDR, Berlin 1981

[171] „Richtlinie über die Anwendung einheitlicher Kriterien und Normative für die Reinheit der Oberflächengewässer und Prinzipien ihrer Klassifizierung“, Herausgeber: Leiter des Amtes für Wasserwirtschaft, Berlin 1964

[172] „*Surface Water Criteria for Public Water Supplies (1968)*“, Federal Water Pollution Control Administration (USA)

[173] „*Canadian Drinking Water Standards (1968)*“, Department of National Health and Welfare

[174] Standard der DDR, TGL 22764: „Nutzung und Schutz der Gewässer; Klassifizierung der Wasserbeschaffenheit von Fließgewässern“, Berlin 1981

8. Sachverzeichnis

MIX
Papier | Fördert gute Waldnutzung
FSC® C083411

Zeitfracht Medien GmbH
Ferdinand-Jühlke-Straße 7
99095 Erfurt, Deutschland
produktsicherheit@kolibri360.de